给孩子面向未来的科学课

逐梦航天

《知识就是力量》杂志社　编著

U0325049

海峡出版发行集团 | 福建少年儿童出版社
THE STRAITS PUBLISHING & DISTRIBUTING GROUP | FUJIAN CHILDREN'S PUBLISHING HOUSE

图书在版编目（CIP）数据

给孩子面向未来的科学课：逐梦航天 /《知识就是力量》杂志社编著.—福州：福建少年儿童出版社，2024.4

ISBN 978-7-5395-8445-4

I. ①给… II. ①知… III. ①航天—儿童读物 IV. ①V4-49

中国国家版本馆CIP数据核字（2023）第251159号

给孩子面向未来的科学课·逐梦航天
GEI HAIZI MIANXIANG WEILAI DE KEXUE KE · ZHU MENG HANGTIAN

著　　者：《知识就是力量》杂志社　编著
出版发行：福建少年儿童出版社
社　　址：福州市东水路76号17层（邮编：350001）
经　　销：福建新华发行（集团）有限责任公司
印　　刷：福州印团网印刷有限公司
厂　　址：福州市仓山区建新镇十字亭路4号
开　　本：710毫米×1000毫米　1/16
字　　数：98千字
印　　张：9.5
版　　次：2024年4月第1版
印　　次：2024年4月第1次印刷
ISBN 978-7-5395-8445-4
定　　价：30.00元

如有印、装质量问题，影响阅读，请直接与承印者联系调换。
联系电话：0591-87881810

创作委员会（排名不分先后）

欧阳自远　刘夕庆　龚钴尔　庞之浩　邢　堃　康　程

周岫彬　钱　航　庞　丹　罗维玮　毛凌野　时小丹

张拯宁　朱林崎　苏奇名　刘宇涵　张思晨　哈立德

尹传红　焦维新　薛炳森　韩大洋　崔　鑫　张智慧

刘淑芬　周　宓　陈　袁　王天明

编辑委员会

主　编：郭　晶

副主编：何郑燕

编　辑：江　琴　高　琳　胡美岩　李　静

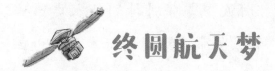# 终圆航天梦

苏联航天先驱康斯坦丁·齐奥尔科夫斯基有一句令人印象深刻的名言："地球是人类的摇篮，但人类不可能永远被束缚在摇篮里。"而颇为巧合的是，这位航天先驱的一生，也恰好见证了人类大踏步追寻航天梦的历程。在他出生的时候，随风飘行的气球，和刚刚问世的飞艇，是人类仅有的飞行工具；而在他谢世的时候，世界上第一批火箭早已射向蓝天，虽然还没有达到飞出大气层的高度，却已经为人类展示了离开"摇篮"的可能性。

1957年10月4日，齐奥尔科夫斯基的学生谢尔盖·科罗廖夫将人类古老的飞天梦想变为现实。随着第一颗人造卫星的成功发射，夜空从此再不同于以往。几年之后，第一艘载人飞船让人类得以从太空遥望这颗自己诞生的星球。在20世纪60年代结束之前，美国的

"阿波罗"登月计划让人类第一次拥有了登陆异星的荣耀，并带着珍贵的标本平安返回。

当这一切发生的时候，中国的航天事业也在资源极为有限的条件下逐渐推进。从 1970 年的"东方红一号"卫星，到 2003 年的第一位航天员杨利伟，再到如今环绕地球的"天宫"空间站，我们在复兴之路上，走过了一座座航天里程碑。但我们的视野并不仅仅局限于地球周围。"嫦娥"系列探测器对月球的探测，让我们更加了解这颗卫星，而且开始触摸比它更为遥远的广袤太空。"嫦娥五号"月球探测器采集的月壤标本，成为博物馆里珍贵的藏品，也为接下来的载人登月计划铺平了道路。

没有大气层的月球，只是人类向地球之外探索的前哨站，并非适宜久居的地方。与地球有诸多相似之处的火星，却有可能成为人类在地球之外的第二个家园。当"天问一号"探测器落在这颗星球红色的大地上，并且放出"祝融号"火星车开始探索的时候，中国人也走出了将来扎根于此的第一步。在未来，我们可能会由此再度出发，去探访那些气态行星的卫星，以及更为遥远的世界。

正如谚语"鸡蛋不能放在一个篮子里"所表达的那样，人类必须在地球之外建立起新的家园，为文明的延续保留火种。如果说几个世纪前的"大航海时代"是将世界各地通过航线连为一体，使原本不相往来的人们可以互通有无，那么即将启幕的"大宇航时代"，则意味着人类终于走出"摇篮"，开始探索更为广袤的世界。在浩瀚的宇宙中，使用化学能源的火箭和飞船每一次发射升空，都意味着一场难以想象的长征，但它们就如同几个世纪前连接起整个地球的那些帆船；而乘坐飞船进入太空的航天员们，就像曾经那些扬帆远航的勇士。如果没有当年的启航，便不会有今天全球化的世界。

　　在这本书里，我们将带你回望人类掌握航天技术的历程，了解中国正在进行和即将开始的航天计划，以及中国的科学家们为航天事业所做的努力。如果说中国人曾经因为意识落后而忽视了海洋，那么这一次，我们将迎头赶上，积极投身于驶向星辰大海的征程。

　　你愿意加入探索群星的行列吗？愿这本书可以为你种下一颗憧憬星空的种子。也许在未来的某一天，你的双脚就会站在异星的土地上。

目录

MULU

第一章　飞天梦，今朝圆　007

画"谈"人类航天梦　008

小说中的登月幻想　014

火星，许你一个蓝色星球梦　021

65 载太空寻梦　026

第二章　不断突破，探索太空　037

太空中的人体挑战　038

太空行走步步稳健　045

"一盔一带"——太空中的生命线　052

如何"打包"去太空　056

如何在空间站给地球打电话　064

太空"菜农"的丰收日志　069

太空里的趣味实验　078

第三章　航天精神，薪火相传　083

赵九章：愿将一生献宏谋　084

杨嘉墀：问道苍穹，为理想澎湃一生　088

王希季："箭"击长空拓天疆　092

戚发轫：亲历中国航天"从无到强"　096

欧阳自远：欲上青天揽月　105

第四章　大国航天，展现非凡力量　115

揭秘探日"先锋官"——"羲和号"　116

"天问一号"的探火之旅　120

探月"征途"，逐梦星辰　130

科学"天宫"筑九霄之上　134

护航"神舟"回家的高科技　143

第一章
飞天梦，今朝圆

　　浩瀚的宇宙，壮丽的星空，自古以来便吸引着人们抬头仰望。

　　也许是孩提时的数星星比赛，在小小的心灵播下好奇的种子；

　　也许是书本上的神话故事，让头顶的无垠星海显得愈发神秘；

　　也许是人类征服地球的脚步太快，让我们有了遨游太空、征服宇宙的理想；

　　…………

　　从春秋时期试图制造能飞的木鸟，到如今实现载人航天、登上月球、飞向火星，科技的发展激励了我们探索太空的雄心，也让人类亘古的飞天愿望不再是梦。接下来，让我们一起回顾古人对于太空的种种想象，看看人类是如何一步步实现梦想、拥抱宇宙的。

画"谈"人类航天梦

撰文/刘夕庆（中国科普作家协会会员，江苏省科普美术家协会会员）

> 飞行，是人类亘古的梦想。随着科技的发展，一个个梦想照进现实，也如影随形地诞生出一部"航天文化史"。它既是对现代工业文明的讴歌，也是对科学理性精神的颂扬，更是对航天人无私奉献的赞美。让我们跟随艺术家的画笔，一起回顾人类航天史的曲折进程。

神话中的科技雏形

科学是从神话、宗教、炼金术、占星术、幻想和游戏等其他文化中脱颖而出的罕见而高精尖的文化。从中国上古神话传说中的"嫦娥奔月"，到19世纪法国科幻作家凡尔纳《从地球到月球》的科学幻想，再到美国20世纪中叶"阿波罗"登月计划的实现——这一切都体现了航天文化从神话、幻想到科技实现的历史演变。

1970年4月24日，中国第一颗人造地球卫星"东方红一号"发射成功，拉开了中国人探索宇宙奥秘、和平利用太空、造

·《钱学森肖像》(绘图 / 刘夕庆)

福人类的序幕。《钱学森肖像》这幅作品纪念了20世纪中叶克服重重困难，从美国回到祖国进行科学研究，最终研制出中国人自己的火箭的著名空气动力学家钱学森。

　　人类的航天文化可以说是航天科技的基础，这一点从各个航天大国对宇宙飞船、航天飞机等航天器的命名上可见一斑。如中国航天科技工程系列的名称有"嫦娥""天问""天宫""织女""神舟""北斗"等，凸显中国历史文化；美国航空航天局"阿波罗"登月系列中的"阿波罗"是古希腊神话中的光明与预言之神；欧洲空间局的"阿丽亚娜"火箭以古希腊一位美丽公主的名字命名，她帮助深爱的雅典王子塞休斯逃出魔鬼把守的迷宫，一起奔向自由，如今"阿丽亚娜"成为现代火箭的名字，以冲向太空而举世闻名。

2007 年 10 月 24 日 18 时 05 分，随着"嫦娥一号"的成功奔月，中国"嫦娥"工程系列顺利完成了一期工程。此后，"神舟九号"与"天宫一号"相继发射并成功完成对接。可见，中国众多航天科技工程系列都蕴含着从神话幻想到科技实现的文化进步历程。

从模拟鸟类到冲上云霄

中国春秋时期就有人试图制造能飞的木鸟，这可以说是人类最早关于飞翔的尝试。文艺复兴时期，意大利艺术家达·芬奇试图模仿鸟类的飞行机理，制造出扑翼机——这是人类想利用空气实现飞行目标的重大试验。虽然扑翼机运用了仿生学原理，但由于自身过重，并不能像鸟儿一样完成飞行。

1883 年，航天先驱齐奥尔科夫斯基发表了使用火箭

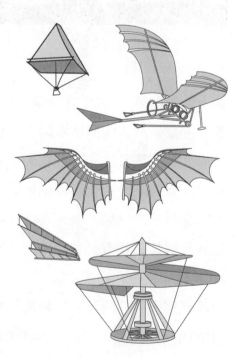

·达·芬奇的扑翼机设计示意图

发射太空船的伟大构想。20 世纪 60 年代初，加加林成为地球上第一个进入太空的人，也是首位乘坐宇宙飞船看到地球全貌的人，他实现了人类进入太空的美好愿望。

就在苏联成功发射人造卫星后不久，一辆从莫斯科出发的专列抵达北京。车上除 102 名火箭技术人员外，还有一份"还给"中国的厚礼——两枚 P-1 近程地对地导弹。因为在史书上记载着，大约在 200 年前，火箭故乡——中国的皇帝康熙曾送给俄国沙皇两箱古代火箭；200 多年后，苏联又将两枚现代火箭回送给了中国。这成为中国科学家建造中国人自己的火箭的学习样板。

东方和西方的飞天梦

中国的"敦煌飞天"从艺术形象上说，是东方多种文化的复合体。飞天的形象虽然来源于印度佛教，但敦煌飞天是印度文化、西域文化、中国中原文化共同孕育成的，是具有中国文化特色的飞天。"敦煌飞天"不长翅膀，不生羽毛，没有圆光，借助云而不依靠云。主要凭借飘逸的衣裙、飞舞的彩带而凌空翱翔的敦煌飞天，可以说是中国艺术家

· 中国北魏时期敦煌壁画《飞天》

天才而赋予幻想的创作。敦煌壁画绘就中国古人的飞天梦，铸就了华夏民族的飞天文化。敦煌藏经洞遗书中还保存了丰富的天文学资料，如《全天星图》《紫微垣星图》等，这些古代流传下来的星图激发着后人无穷的想象，也激发着人类探索宇宙的热情。

·《屈原创意肖像》(绘图/刘夕庆)

2000 多年前，面对苍茫未知的宇宙，中国战国时期爱国主义诗人屈原发出了著名的《天问》，提出 172 个问题，涉及天地生成、日月更替、历史兴衰、神仙鬼怪等，成为中国古代理性思考天地的伟大人物。

14 世纪末期，中国明朝的士大夫万户把 47 枚火箭绑在椅子上，自己坐上椅子，双手举着大风筝。他最先设想利用火箭的推力飞上天空，然后利用风筝平稳着陆。不幸火箭爆炸，万户也为此献出了宝贵的生命。

人类飞天的梦想在 20 世纪初叶才真正得以实现。在美国马萨诸塞州的一个果园里，曾有过这样一个"异想天开"的男孩——罗伯特·戈达德。一天，他给一棵高高的樱桃树修剪枯枝、眺望天空时突发奇想："人要是能飞到天上该有多好啊，这样就可以看看星星上面都有什么东西了！"1926 年 3 月，在美国马萨诸塞州的田野上，戈达德发射了自己制作的第一枚火箭。这枚火箭高不过 3.04 米，重量仅 5.5 千克，点火后爬高约 12 米，飞行 56.12 米，历时仅 2.5 秒，但这 2.5 秒是人类探索史上永恒的一瞬。

曾经看似不可能实现的科学试验最终在 20 世纪内成为现实——卫星环绕、载人飞船、登上月球、飞向火星、实现航天器太空对接等，都是基于前人对火箭的研究而实现的。

如今，中国现代一批具有爱国主义思想的杰出科学家将古人的航天理想付诸行动，取得了越来越多的航天成就。相信通过一代又一代中国航天人的奋斗，终有一天我们会将中华民族的飞天文化发扬光大，唱响"探索浩瀚宇宙，发展航天事业，建设航天强国"的主旋律！

小说中的登月幻想

撰文 / 龚钴尔（科普作者）

人类成功登上月球的历史性一刻发生在 1969 年 7 月 20 日，然而，更早的登月理想却在几千年前就已经产生并流传。从中国的嫦娥奔月，到希腊的卢奇安登月故事，人类几乎一直延续着这种登月情愫。在 20 世纪 30—40 年代现代航天大幕拉开之前，登月的梦想鼓舞着航天大国向天体月球进发，并在月球之巅一决雌雄。

 ## 嫦娥奔月故事新编——最早的航天人

嫦娥奔月的传统故事在中国广为流传，这则浸染了上古时代原始风格的神话几乎无人不知，日后还成了中国最著名的探月工程的名称。

1926 年，苦闷的鲁迅先生选择对上古传说"嫦娥奔月"下手，用怪诞、幽默却伤感的风格新编其故事。在鲁迅的《奔月》中，没有讲嫦娥和羿缠绵悱恻的爱情故事，而是讲英雄迟暮并遭遇势利小人被迫与妻子离别的故事。

小说中讲到嫦娥的丈夫羿，因为射箭本领超群，娶得了貌美如花的嫦娥，一时间成为"土豪"。不过没几年，这个射箭精准、本领强大的羿，便将周围50里地的飞禽走兽全部射杀干净了……这是一个生态灾难，羿没讲究可持续发展，最终让自己和嫦娥的生活陷入了前所未有的困境，以致他最后只能给美丽的嫦娥做"乌鸦肉炸酱面"吃。

羿牌"乌鸦肉炸酱面"又酸又苦，天天这么吃，嫦娥难以下咽，再加上夫妻俩居住在尧都，生活压力很大，嫦娥渐生离意。羿只能到50里外的地方去打猎，常常要两三天才能回家一次。不过，羿即便是跑这么远，运气仍然不太好。鸟兽们都知道要离羿远点。羿再也打不回来他当年能猎到的猰貐（yà yǔ）、凿齿、九婴、大风、封豨（xī）、修蛇等大型动物……

于是，有一天傍晚，嫦娥独吞了羿托关系得来的两颗神药，身体变轻，一路小跑朝月亮飞去……

这便是《奔月》中向我们展示的怪诞故事。加上羿此前的射日传说，不严肃地追溯起来，夫妻俩几乎是中国最早的航天人——一个针对月球进行了载人飞行，一个对太阳进行了最直接的挑战。

卢奇安——登月科幻小说的开创者

受希腊、罗马神话影响，讽刺作家卢奇安在一部叫作《真实的故事》的小说中描绘了一系列冒险故事，其中一个就是关于月球的。

小说中讲到，一艘航行于大西洋的船，被台风刮到天上，一直在天上"航行"了8天，才看到一片悬在空中的陆地。他们在这片土地下船，然后发现那里还有居民和用来耕种的土地。到了夜晚，他们又看到很多颜色如火的岛屿，上面有城市和山脉，很像地球。

随后，他们被三头巨鸟抓去，去见这片土地的国王。国王告诉他们，这里是月球，不过不要紧张，因为他也是地球人，是在睡觉时被拐到这里并当上国王的。

国王说，他们正在同太阳神的儿子法厄同领导的太阳国打仗，战事胶着。另外，国王还告诉他们，他把最穷的月球人送往金星，让他们在那里寻找新生活。国王说完之后，邀请地球人加入军队，并且给每人配了一只鹰。

最后，各方缔结条约，太阳、月球、金星恢复和平。整个故事不仅包含了原始的登月幻想，还与现代版的《星球大战》有点神似。

总之，卢奇安的登月故事对后来西方的科幻小说作家甚至科学家都有着深刻的影响，他甚至被看作科幻小说的开创者。后来的开普勒、歌德温、切拉诺·德·贝尔热拉、拉伯雷、伏尔泰、斯威夫特等人，都受到卢奇安的直接影响，创作了更多影响更大的有关航天飞行的科幻作品。

文艺复兴后的登月新梦
——越发饱满的登月幻想

文艺复兴后，科学得到快速发展。德国天文学家开普勒不仅提出了行星运动三定律，还在业余时间写出了近代第一部太空飞行科幻小说——《梦想》。

《梦想》中讲到，在天空之上，有一个叫"勒瓦尼亚"（即月球）的岛，从地球去那里的路很少打开，把人送上去很困难，有极大的危险，而且还不能带一些过于肥胖的人去，只有那些经常航海的人才是合适的……走完这段路大约要耗费 4 个小时，而且人们只能在月食时才能前往，其他时间不行，去的机会稍纵即逝……

· 德国天文学家开普勒

小说中的这个描述很像我们今天往月球发射航天器：

首先，航天员不能太胖，因为飞船空间有限；

其次，发射登月飞船是有

发射窗口①的。这个时间稍纵即逝，必须把握得很准确。

与《梦想》同时期的科幻小说还有英国主教、历史学家歌德温的《月中人》。小说描述了英雄多明戈·冈萨雷斯像圣诞老人一样，被 25 只训练有素的野天鹅带上了月球。他在那里见到了很多奇异的月球人，最后以同样的方式返回地球。不过，由于导航出现偏差，他降落在了中国的土地上。

进入 17 世纪后，出现了更多和月球有关的幻想小说。其中最有趣、最夸张的当属切拉诺·德·贝尔热拉创作的《月球之旅》。

在《月球之旅》中，他以有趣和貌似科学的构想，幻想了种种太空飞行的办法。例如：他曾幻想用磁铁的吸引力实现升空。具体办法是在脚上绑上磁铁，然后用手将另一块大磁铁扔上天空，受天上磁铁的吸引，整个人就被吸上去了；之后，将大磁铁拿下来，再扔上天空，整个人又被吸得更高……如此重复，他认为就可以飞上月球。

他还设想，周身绑上很多小瓶子，小瓶子中装满露水。在太阳的暴晒下，露水迅速蒸发，形成厚厚的云，进而让整个人浮起来。他甚至还想到如果装露水的瓶子太多，人飞得太高，就只好打碎一些瓶子……

可以看出，人类前往月球的方式，已经从靠仙药、靠台风、

① 发射窗口：允许运载火箭发射的时间范围。

靠天鹅，变为依靠"科技"，只是依旧缺乏科学性。

 ## 凡尔纳——小说界的科学家

随着科学技术的发展和积累，进入 19 世纪后，科幻小说界出现了比较靠谱的登月幻想作品。其中以儒勒·凡尔纳的《从地球到月球》影响最大。

为了写好这部小说，凡尔纳研究并向学者们请教了许多数学、物理学和天文学问题。他在小说中提及的宇宙飞船和发射装置，都经过了严格的数学计算。正如凡尔纳本人所说的，他的科幻小说完全是站在已有的科学知识基础上，大胆预测未来。

《从地球到月球》讲述了美国南北战争结束后，"巴尔的摩城大炮俱乐部"主席巴比康，提议向月球发射一颗炮弹，建立地球与月球之间的联系。法国冒险家米歇尔·阿尔当获悉这一消息后，建议造一颗空心炮弹，他准备乘这颗炮弹到月球去探险。巴比康、阿尔当和尼切尔船长克服了种种困难，终于乘坐着这颗叫作"哥伦比亚"的炮弹出发了。但是他们没有到达目的地，炮弹并没有在月球上着陆，而是在离月球 2800 英里（约 4500 千米）的地方绕月运行……

这部小说出版后，风行世界。许多人出于担心小说中航天员的安危，要求凡尔纳另作续篇。1870 年，凡尔纳发表了续集《环绕月球》，描述了 3 位航天员最后回到地球，溅落在太平洋里，3 位航天员乘坐的密封舱被美国海军捞起，故事结局皆大欢喜。

　　凡尔纳以丰富的想象力和严密的科学态度，正确预言了许多航天活动的基本状况，比如：火箭发射场、飞船密封舱、失重、火箭变轨道飞行、制动火箭、海上溅落等。这些预言都同现在的航天活动惊人地吻合。凡尔纳还把登月发射场选在美国佛罗里达州的南端，那里以后真的成为美国主要的航天发射场——美国航空航天局肯尼迪航天中心，美国探月、登月的发射场，就坐落在那里。

　　这部小说产生了深刻的科学影响，许多火箭和航天先驱都受到这部小说的启发和激励。比如，欧洲火箭之父奥伯特和奥地利火箭先驱法列尔很认真地研究了凡尔纳构想的火炮，以及用这种装置发射飞船的可能性，最终拉开了现代航天历史的大幕，推动了人类向月球进发。

火星，许你一个蓝色星球梦

撰文／欧阳自远（中国科学院院士，中国月球探测工程首任首席科学家）

> 人类通过几个世纪的卓越努力，要将火星这颗贫瘠的行星改造成一个拥有蔚蓝色天空、绿色平原、蓝色湖泊和生态环境友好的新世界，"地球—火星"将成为人类社会持续发展的姐妹共同体。

 ## 火星——地球的姐妹

火星与地球同属太阳系的类地行星，它是地球的近邻。火星距地球最短距离约为 5500 万千米，质量接近于地球的 11%，半径约为地球的 1/2，重力相当于地球的 1/3，火星的太阳常数[1]约是地球太阳常

· 火星

· 地球

———————————
①太阳常数：日地平均距离上，大气顶界垂直于太阳光线的单位面积每秒接受的太阳辐射。

数的43%。

火星的自转周期约为24.62小时，与地球的23.93小时相近。火星的绕日公转周期约为687天（地球约为365天），一个火星年相当于1.88个地球年。由于火星的自转轴倾角为25.2°，与地球的23.4°类似，因而火星和地球都有春、夏、秋、冬的季节变化。

远古时期的火星，曾是一个气候湿润、生态环境较适宜生命繁衍的世界，大气层也比现在稠密。火星表面曾出现过辽阔的海洋、星罗棋布的湖泊、涓涓流水的河流和洪水泛滥形成的冲积扇。各种理论研究表明，当时火星表面的水体总量，如果均匀地覆盖到火星表面，平均水深可达100米。然而，火星表面的水体有相当一部分通过大气、电离层，被太阳风吹走而丢失；另一部分则可能以冻土和地下冰层的形式被保存了下来。

现在，火星表面几乎没有液态水的活动，人们只能看到它们的"遗迹"——在火星的北半球，裸露着干涸的海洋盆地、湖水蒸发后留下的各种盐类矿物的小洼地和一些已经干涸殆尽的古河床。

如今的火星仅保留了一个稀薄的

· 火星表面是一个寒冷、干燥、贫瘠和荒芜的世界。

大气层，其中的大气成分以二氧化碳为主，约占 95.3%，其他微量气体有氮、氩、氧、一氧化碳和痕量水蒸气、甲烷等，火星的大气压是地球的 0.6%～1%。这里的冬季最低温度达到 –125℃，夏季最高温度仅约 22℃，平均气温约是 –63℃。火星表面的风速极大，易诱发区域性或全局性的尘暴。相对于地球来说，这里可谓是"寒冷""干燥""贫瘠""荒芜"的代名词。

探测火星，为了"再造一个地球"

既然火星有这么多"槽点"，为什么科学家还要花大力气去探测火星呢？大多数研究行星科学和深空探测的科学家坚信，通过人类的智慧和努力，火星完全能被改造成生机盎然的"小地球"，再现"青山绿水"，成为人类的"第二家园"。目前，科学家们已多次召开"改造火星"的研讨会，严肃探讨了将火星改造成"蓝色行星"的可能性，提出了改造愿景、科学步骤和实施方案。

要将火星再造成一个"地球"，首先要提高火星表面的温度；其次，增加火星大气的浓度，改变大气组分；第三步，建立火星表面的生态环境；第四步，建立火星农牧业，解决粮食自给问题；第五步，也是非常重要的一步，要建设能源和原材料供给相关的工业设施。等这些条件都具备了，我们就可以开始建设人类的生活基础设施，实施火星旅游或移民了。

火星改造的最重要前提，就是头两步。为了提高火星表面的温度，科学家提出了在火星上建造"超级温室气体工厂"等多种方案，通过制造四氟化碳等高效温室气体，引发大气层的温室效应，使其表面趋暖。如果科学家加热火星表面、加厚火星大气层成功，会使火星极地冰盖的干冰融化，释放出二氧化碳，而二氧化碳增多又可增强大气层的温室效应。待极地水冰和火星土壤中的水冰逐渐融化后，一旦火星赤道附近的温度长年保持在 0℃以上，我们就可以得到稳定的液态水供应。

在这个基础上，人类就可以选择培育能促进光合作用的菌类和苔藓，在火星上逐步开展植树造林。光合作用使二氧化碳逐渐变成氧气，进一步培育出能释放更多氧气的超级植物，加快火星上氧气的增长速度，逐步改变火星大气的组分。随着大气浓度和氧气浓度的提高，未来的火星居民可能不用穿太空服，就可走出户外，普通飞机也可以在火星上起降……可以想象，红色火星将逐步被改造成绿色火星、蓝色火星。

·改造火星"三部曲"：红色火星——绿色火星——蓝色火星。

延展阅读

火星探测最主要的目标

1. 火星生命活动信息的探测，包括现在的生命活动信息、过去是否存在过生命、生命生存的条件和环境等。

2. 关于火星本体的主要科学问题，如火星的空间环境、磁层和电离层的结构与特征，火星大气层的成分、密度、结构与成因，火星的地形与地质构造特征，火星的化学组成与化学演化，火星的内部物理场与结构，等等。

人类自1960年以来已发射了数十个火星探测器，采用了飞越火星、环绕火星探测、着陆器与火星车探测等多种探测方式，目前正计划开展火星无人取样返回和载人登陆火星探测。可以说，火星是地外行星中"最耀眼的明星"，无论是从探测次数还是从认知程度来说，都是人类当之无愧的"宠儿"。

65载太空寻梦

撰文 / 庞之浩（中国空间技术研究院研究员）

2021年是中国共产党建党100周年，也是中国航天科技创建65周年。65年来，中国航天科技在中国共产党的领导下，经过几代航天人的顽强拼搏，在运载火箭、人造卫星、载人航天和深空探测等多个领域取得了举世瞩目的辉煌成就，并培育出了"航天精神""'两弹一星'精神""载人航天精神""新时代北斗精神""探月精神"等伟大精神。

通天神剑——"长征"系列火箭

火箭的运载能力有多强，航天的舞台就有多大。几十年来，通过几代火箭人的不懈努力，"长征"系列火箭走过了从常温推进到低温推进、从串联式到并联式、从低轨到高轨、从"一箭一星"到"一箭多星"、从发射人造地球卫星到发射载人航天器和空间探测器的技术历程，现已具备了发射低、中、高不同轨道以及不同类型载荷的能力，其运载能力、发射频度、成功率、入轨精度和适应能力等均已达到世界一流水平，成为世界知名且具有

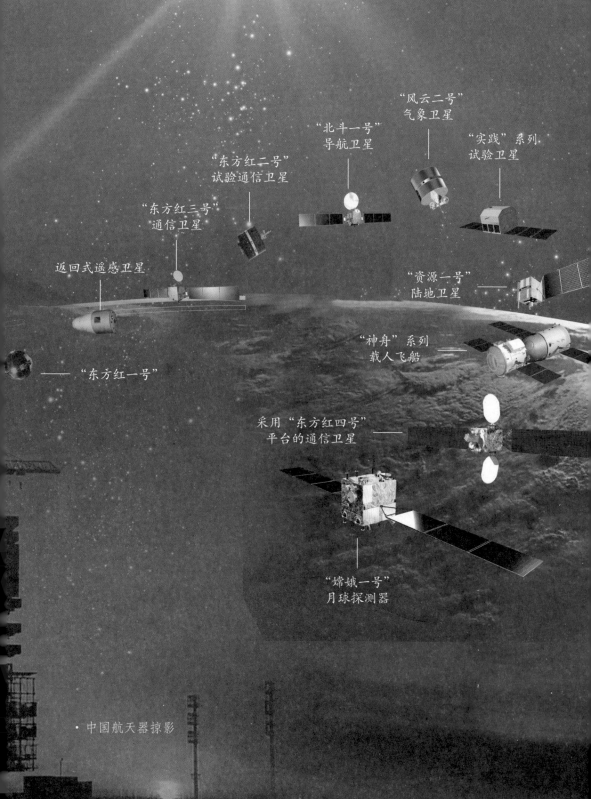

"风云二号"
气象卫星

"北斗一号"
导航卫星

"实践"系列
试验卫星

"东方红二号"
试验通信卫星

"东方红三号"
通信卫星

返回式遥感卫星

"资源一号"
陆地卫星

"神舟"系列
载人飞船

—— "东方红一号"

采用"东方红四号"
平台的通信卫星

"嫦娥一号"
月球探测器

· 中国航天器掠影

自主知识产权的品牌。

截至 2021 年，"长征"系列火箭已承担了中国 96.4% 的发射任务，发射航天器总质量占中国发射总质量的 99.2%。"长征"系列火箭实现第一个 100 次发射用时 37 年，第二个 100 次发射用时 7 年多，第三个 100 次发射用时 4 年多，第四个 100 次发射仅用时 2 年零 9 个月。在 2021 年，中国航天发射次数达到 55 次，位居世界第一，"长征"系列运载火箭发射次数达 48 次，创历史新高。"长征"系列火箭从多个方面充分体现了中国速度、中国力量和中国智慧。

群星闪烁的人造卫星 [1]

中国人造地球卫星研制工作历经了技术准备（1958 年—1970 年）、技术试验（1971 年—1984 年）和工程应用（1985 年起至今）三个发展阶段。

1970 年 4 月 24 日，中国第一颗人造地球卫星——"东方红一号"升空，开创了中国航天的新纪元。此后，中国先后发展了试验卫星、科学卫星和应用卫星，有些已达到国际先进水平。

在试验卫星方面，中国已先后发射了几十颗"实践"系列科学探测与技术试验卫星、世界首颗尝试脉冲星导航技术体制可行性的脉冲星试验卫星、"张衡一号"电磁监测试验卫星，以及用

[1] 以下数据截至 2021 年。

于试验空间引力波探测技术的"天琴一号""太极一号"等试验卫星。

在科学卫星方面，中国已先后发射了"双星探测"卫星、"悟空号"暗物质粒子探测卫星、"实践十号"微重力科学实验卫星、世界首颗量子科学实验卫星"墨子号"、"慧眼"硬X射线调制望远镜、引力波暴高能电磁对应体全天监测器卫星、首颗太阳探测科学技术试验卫星"羲和号"、广目地球科学卫星等科学卫星。

在通信卫星方面，中国已先后发射了多颗三代固定通信卫星和两代"天链"数据中继卫星、2颗高通量卫星、3颗"天通一号"移动通信卫星、"中星9A"和"中星9B"广播电视直播卫星，还对多个国家实现了通信卫星的整星出口。

在遥感卫星方面，中国已先后发射了20多颗返回式遥感卫星、9颗"资源一号"卫星、3颗"资源二号"卫星、3颗"资源三号"卫星、14颗"高分"系列卫星、几十颗遥感系列卫星、多颗"天绘"系列卫星、5颗"环境减灾"卫星、4颗"高景"卫星、多颗"吉林一号"系列卫星、19颗"风云"气象卫星、9颗海洋卫星，还为委内瑞拉和埃塞俄比亚等国研制和发射了遥感卫星。

在导航卫星方面，中国已先后发射了59颗"北斗"导航卫星。"北斗三号"全球卫星导航系统已于2020年7月31日开始全天候、全天时地为全球各类用户提供高精度、高可靠性的定位、导航、授时、短报文等服务。

"天宫"——中国人的空间站

中国载人航天工程"三步走"发展战略

·绕飞交会对接

第一步 ▷	第二步
研制载人飞船,把航天员送入太空并让其安全返回,掌握载人航天的最基本技术。	突破和掌握航天员太空行走、空间交会对接等技术;发射空间实验室和货运飞船。

2003年、2005年 ▷	2008年 ▷	2011年 ▷	2012年、2013年 ▷
先后成功发射"神舟五号""神舟六号"载人飞船,从而掌握了载人天地往返运输技术。	"神舟七号"航天员翟志刚进行太空行走,从而掌握了空间出舱活动技术。	通过发射"天宫一号"目标飞行器和"神舟八号"无人飞船,实现了自控交会对接。	分别发射"神舟九号""神舟十号",与"天宫一号"进行自控和手控交会对接,并送2名女航天员上天。

这几次航天发射使中国成为世界第3个独立掌握空间交会对接技术的国家,并验证了组合体飞行技术。从"神舟八号"起,"神舟"系列飞船定型。

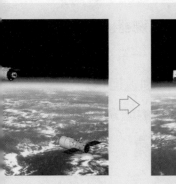

▷　第三步

建成长期载人的大型空间站"天宫"，开展大规模、长期有人照料的空间应用。

▷　2016年、2017年　　▷　2021年

先后发射了"天宫二号"空间实验室和分别与之对接的"神舟十一号"载人飞船、"天舟一号"货运飞船，验证了航天员中期在轨驻留技术、在轨加注技术、货运飞船技术和未来空间站的部分新技术，并进行了大规模的科学实验。

2021年4月29日，中国空间站"天和"核心舱发射任务取得圆满成功，中国开启空间站任务新时代。同年，先后发射2艘"神舟"载人飞船和2艘"天舟"货运飞船与核心舱对接，送去了2个航天员乘组及所需物资。

中国"嫦娥"上九天揽月

中国探月工程分为"绕月探测、落月探测、采样返回探测"，即"绕、落、回"三个发展阶段，在 2020 年完成。2020 年 11 月 24 日，中国发射了"嫦娥五号"月球采样返回探测器。它在月球表面特定区域软着陆后进行分析采样，在闯过了一系列难关后，于 2020 年 12 月 17 日携带 1731 克月球样品顺利返回地球，使中国成为世界上第三个在月球采样并成功返回地球的国家。

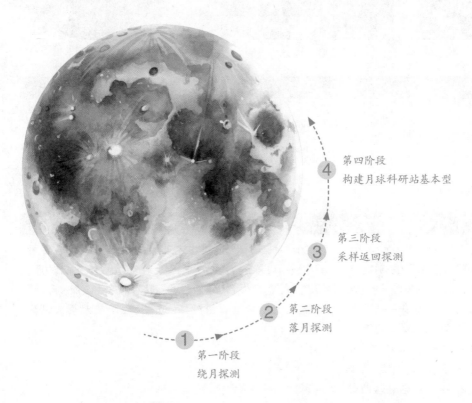

4 第四阶段
构建月球科研站基本型

3 第三阶段
采样返回探测

2 第二阶段
落月探测

1 第一阶段
绕月探测

· 中国探月工程分为"绕、落、回"三个发展阶段，已在 2020 年完成。现开始第四阶段任务。

现在，中国已开展探月第四阶段任务，目标是在月球南极初步建设月球科研站基本型。

未来，中国航天人将再接再厉，力争在 2030 年左右使中国由航天大国成为航天强国，为人类和平利用太空、构建人类命运共同体做出更大的开拓性贡献。作为青少年的你们，将接过这项使命，成为中国迈向星辰大海的主力军，书写更加辉煌的中国传奇！

延伸阅读

中国首个火星探测器"天问一号"于 2021 年 2 月 10 日进入火星轨道，2021 年 5 月，其释放的着陆巡视器成功着陆于火星乌托邦平原。"天问一号"成为世界第一个通过一次发射完成"绕、落、巡"三项任务的火星探测器。

中国的探月历程

① 2007 年"嫦娥一号"

2004 年，中国探月工程正式立项。2007 年，中国首个月球探测器"嫦娥一号"实现绕月飞行，成功拍摄全月球影像图，实现探月工程第一步战略目标。

·"嫦娥一号"在轨飞行示意图

② 2010 年"嫦娥二号"

2010 年，"嫦娥二号"发射升空，帮助科研人员绘制出 7 米分辨率全月球影像图。之后，"嫦娥二号"成功飞抵距离地球约 7000 万千米的深空，与图塔蒂斯小行星交会，这是中国首次实现对小行星的飞越探测。

·"嫦娥二号"进行首次近月制动。

③ 2013 年"嫦娥三号"

2013 年，"嫦娥三号"携带"玉兔号"月球车成功落月，中国成为世界上第三个实现月面软着陆和月面巡视探测的国家。

·"嫦娥三号"模型

④ 2018 年 "嫦娥四号"

2018 年 12 月，"嫦娥四号"发射升空，并于 2019 年初着陆月背，成为第一个着陆月球背面的探测器，在人类探月史上意义重大。在本次任务中，"嫦娥四号"与"玉兔二号"月球车实现两器互拍，记录下双方在月球背面辛勤工作的身影。

• "嫦娥四号"发射升空。

⑤ 2020 年 "嫦娥五号"

2020 年，"嫦娥五号"在月球正面预选区执行采集月壤任务，并成功将 1731 克月壤样品带回月球，收获了研究月球乃至太阳系行星的宝贵科学样品。

• "嫦娥五号"发射成功。

⑥ 未来

目前，中国探月工程四期正在稳步推进。2024 年上半年，"鹊桥二号"中继通信卫星计划发射，为"嫦娥六号""嫦娥七号""嫦娥八号"提供信号中继服务；"嫦娥六号"也将于 2024 年实施发射，执行月球背面采样返回任务；同时，中国载人登月探测工程登月阶段任务已于 2023 年启动，向在 2030 年前登陆月球的目标进发……

第二章
不断突破，探索太空

14世纪末，一位被称为"万户"的勇者手持大风筝，坐在绑上47枚火箭的座椅上，在点燃火药的一刻轰然升空。为了触摸头顶的星辰和云朵，他献出了自己宝贵的生命。

假如时光倒退至万户飞天的时代，若有人说，可以在太空中长时间居住，还能在太空种水稻、种辣椒，人们一定会认为这是痴人说梦。但是，经过几代航天人不断地艰苦探索，人类已经成功入驻了曾经遥不可及的"梦想之地"。

近半个世纪以来，人类越来越深入太空，阔步走进了"空间站时代"的新起点、新征程。在这一章里，让我们和航天员一起飞向浩瀚的太空，感受太空的神秘璀璨和太空生活的多姿多彩吧！

太空中的人体挑战

撰文 / 邢堃　康程（北京航天总医院）

随着科技的发展，人类探索的脚步逐步迈向深空。中国载人航天工程自 1992 年启动以来，"长征二号" F 火箭和"神舟"飞船已经先后将 20 名航天员成功送入太空。从"神舟五号"到"神舟十七号"，航天员在轨时间越来越长，从最初的 21 小时 23 分到"神舟十七号"在轨 6 个月，航天员在太空失重状态下暴露的时间也越来越长。加上中国大型空间站、登月工程以及火星登陆计划加紧实施，将会有更多的航天员在太空执行长时间飞行任务。在太空中，他们的身体要经受哪几重考验？人体机能会发挥出怎样的潜能？

人体在太空中闯几关

人类身体是为了适应地球环境而生的，身体许多部分已经进化到能对日出、日落或向下拉力等习以为常的环境做出调整。当航天员长时间停留在太空轨道时，他们的生物系统就会发生变化，影响任务的执行，甚至危害生命健康。

第一关：重力环境变不停

重力环境包括微重力环境（空间轨道）、低重力环境（月球和火星表面）、正常重力环境（地球表面）和超重力环境（航天器发射与返回过程）等，人体在这些重力环境中转换会导致神经生理反应和适应性变化。重力变化是最重要也是最具特色的航天环境因素，是航天员航天飞行中骨质疏松、飞行后立位耐力不良发生的直接原因，也是航天员心血管功能失调的主要致病因素。

第二关：失灵的平衡系统

飞行是人体从二维平面转到三维空间运动的过程，在此过程中，由于人体不适应常会导致运动错觉。运动错觉就是人体感知到的运动状态和真实的运动状态不符。通常情况下，当头部做出

向一侧肩膀倾斜的动作时，重力会向大脑发送头部已倾斜的信号。但在微重力环境下，没有足够的重力告诉大脑头部已改变了位置。在航天员进入太空的头几天，他们会迷失方向。长期暴露在微重力环境下意味着他们返回地球后，需要一段时间的恢复才能重新适应地球重力环境。

第三关：频繁的昼夜更迭

在进行环绕地球轨道的航天飞行时，航天员大约每隔 1.5 小时就要经历一次白天与黑夜的更替。地球上的一昼夜 24 小时在太空中就相当于 16 个昼夜。你出国回来还需要倒时差呢，更别说如此巨大的昼夜变换了。如此大的生物节律变动，会对航天员的身体产生重大影响。

第四关：太空辐射风险高

航天员在执行航天空间站任务或深空任务时，不可避免地会接触到宇宙中的各种电离辐射。过多地暴露于太空辐射中，对于航天员来说是一种职业风险，在一定程度上会增加他们患癌症和心脏病的概率。

第五关：外太空的"家"并不温馨

航天器狭小拥挤的环境，使航天员的活动受到限制，这种状态可能影响他们的气血运行，使他们出现气滞血瘀的症状。另外，航天器上的各种设备会产生大量的、持续性的噪声。航天员不能拥有一个真正意义上的安静环境使双耳得到休息，连睡觉都要忍受嘈杂的航天器环境。

太空里的健身达人

从 1961 年第一位航天员进入太空开始，科学家就对航天员的各项生命体征进行监控。研究表明，航天员普遍存在骨质丢失、肌肉质量降低、免疫功能下降等问题。

航天员执行航天任务时发生的骨质丢失主要由微重力引起。而在航天飞行过程中，太空中的电离辐射也会损伤骨骼。

为此，航天员每天都需要利用较长时间进行运动，以缓解骨质流失、肌肉萎缩等问题，如踩自行车功量计、在微型跑道上跑步、拉弹簧拉力器、做徒手体操、穿负压裤等。

· 航天员在空间站中健身。

太空中沸腾的体液

假如不穿航天服直接暴露在太空中，除了缺氧你的身体还会发生什么？你的体液会沸腾！想不到吧？

体液沸腾是人体由于缺乏大气压力而引起的一种可能致命的现象。液体的沸点取决于气压，且两者呈正相关，气压越高，沸点越高，气压越低，沸点越低。我们平常所说的水加热到 100℃时会沸腾，需要一个前提条件，即气压是一个标准大气压

（101.325 千帕）。

太空中没有外部压力，体液（唾液、眼泪、汗水等）的沸点大大降低，因此它们会立即开始蒸发。虽然血液循环系统能维持血压稳定，防止血液沸腾，但溶解在血液中的氮分子可以汽化，导致血液循环组织膨胀。这样一来，身体膨胀至原来的 2 倍大小，致使一些器官组织严重受损。幸而我们的皮肤拥有足够的弹性，可帮助人体容纳蒸汽，防止身体在太空环境下过度膨胀。如果气压恢复正常，膨胀的身体就会恢复如常。

人类对太空的探索从未止步。伴随着多学科的发展，人们对于航天飞行中人体的研究也将越来越全面。

延伸阅读

性别差异

飞行实践表明，女性同样可以适应航天飞行的特殊环境，女航天员的加入，将有益于航天飞行任务的实施与完成。但由于男女在生理特点上的不同，男、女航天员在航天飞行中或返回地面后的生理、心理表现有所差异。比如，进入太空时女性更容易感到眩晕、恶心，返回地球途中男性更容易产生恶心、呕吐感；返回地球之后，男性在视觉和听觉上会出现较多问题，而女性通常没有这方面的困扰，但血压会出现问题。

航天员的"魔鬼式训练"

了解了太空环境对身体健康的影响，你一定很好奇，航天员是怎么挺过重重难关的呢？为了更好地适应太空环境，航天员在执行飞行任务之前，需要经历长期的"魔鬼式训练"。你知道成为一名合格的航天员，要经历什么样的训练和考验吗？

模拟失重水槽训练

知识卡片

为了让航天员适应太空中的失重环境，航天员通常要在一个大水槽中进行模拟失重训练。这是因为在水中时，人体会产生一些类似失重的变化和感觉。这样一来，航天员就可以训练自己在失重状态中的工作能力，比如在舱内、舱外工作时的动作协调性。

前庭功能训练

知识卡片

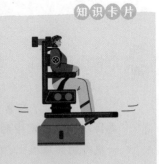

很多人都有过晕车、晕船的经历，这是内耳的前庭功能紊乱所导致的，而太空中的航天员将会出现更严重的"晕太空"症状。为了避免这一情况的发生，他们要通过转椅、秋千、弹力网等器材进行锻炼，提高前庭器官对失重环境的适应能力。

血液重新分布训练

知识卡片

飞船进入轨道之后，航天员体内的血液会因为失重而向头部转移，这会引起极大的不适。因此，在进入太空之前，航天员会用自动立位转床进行血液重新分布训练。接受训练时，航天员需要头朝下躺在床上，这张床会变换各种低位角度，来调节他们体内的血液分布。参加这种训练时，航天员往往会脸部充血、鼻塞头痛，还会胸闷失眠。

超重适应训练

知识卡片

航天员在飞船发射和返回的过程中，身体和器官的重量将会增加好几倍，超重耐力低的人可能会出现晕厥等症状。为了锻炼超重耐力，航天员必须接受超重适应训练。这一训练通常在载人离心机中进行，通过提高离心机的转速，逐渐增加超重值。在训练过程中，航天员的面部会因为强烈的重力而扭曲，还会感到呼吸困难、脑部缺氧，但他们仍需咬牙坚持。

头低位卧床训练

知识卡片

在地面上，经常让航天员处于头部向下的位置，可以帮助他们更快地适应太空中的失重环境。所以，航天员需要脚高头低地躺在一块特制的床板上，练习在这样的状态下穿睡袋、戴防噪声耳塞、进食、喝水……

太空行走步步稳健

撰文／周岫彬（中国航天科技国际交流中心）

> 航天员进驻"太空之家"，在空间站里"安居乐业"，执行各项科研任务。为了让空间站得以顺利完成建造及稳定运营，执行出舱任务也成为航天员的一种常态。出舱活动的航天员要面临超低温、宇宙射线、真空环境、太空垃圾等考验，他们要如何应对，又有哪些"黑科技"在保障航天员的安全呢？

太空中航天员的出舱活动被称为太空行走，是指航天员穿着舱外航天服离开载人航天器乘员舱，进入太空的行为。出舱活动一般分为两类：基于太空轨道的出舱活动，如从空间站和载人飞船出舱；基于地外星球的出舱活动，如登陆月球、火星等。出舱活动是载人航天活动的重要组成

部分，也是载人航天的一项关键技术。

出舱活动使航天员直接进入太空，消除了航天器舱壁对航天员的限制，大大拓展了人类在太空的活动范围。通过出舱活动，航天员在航天器舱外执行组装、维修、实验、建造、生产、释放卫星等各种任务，让人类更好地认识太空、进入太空，开发和利用太空资源。

延伸阅读

出舱任务有哪些？

试验验证类出舱活动

验证出舱活动系统的可行性、安全性和可靠性，如验证新一代航天服等出舱相关装备和产品。

空间作业型出舱活动

主要包括小型航天器的回收、修整与释放，舱外设备的转移、安装、维护与管理，空间设施的组装、维修与建造，紧急太空救援，月面工作，登陆火星工作，地外星球的科研、生活设施建设，等等。

空间实验型出舱活动

主要有天文观测和对地观测，空间生命科学和生物技术实验，空间流体力学实验，空间材料加工实验，微重力科学实验，空间生活技术实验。

"感觉良好"谈何容易

2003 年执行"神舟五号"载人飞行任务时，航天员杨利伟返回地面后的一句"感觉良好"令人振奋。2008 年，执行"神舟七号"载人飞行任务的航天员翟志刚出舱时遇到两次突发状况，把舱门撬开之后，他的一句"我已出舱，感觉良好"令人安心。

"感觉良好"已成为中国航天员出舱时报平安的传统用语，也成为中国开启空间站时代之后我们经常能听到的"热词"。

时间来到 2021 年，执行"神舟十三号"载人飞行任务的航天员叶光富、翟志刚、王亚平组成"感觉良好"三人组，圆满完成了各项出舱任务。这句话听起来很轻松，但要实现让航天员"感觉良好"的出舱活动并不容易。

由于太空是一个微重力、高真空、强辐射、冷黑的环境，航天器或航天服在太阳照射时温度可高于 100℃，无太阳照射时温度降至 –200℃，还可能遭遇微流星体① 的撞击等。

另外，航天员在微重力环境中要穿着并操作重达 130 千克的舱外航天服，他们开展各种工作时还会遇到诸多困难，这对其身体和心理都是巨大的挑战。太空行走要求航天员有强健的体魄、优良的心理素质、对特因环境的耐受力，并掌握载人航天基本知识和技能、出舱活动专业知识和技能。因此，太空行走是一项具有极高技术含量的活动。

---

① 微流星体：指宇宙空间细小的岩石颗粒。

靠得住的"大力士"——"天和"机械臂

空间站组合体体积庞大，航天员的出舱作业量大、难度高，这时候就需要"天和"机械臂来辅助航天员进行出舱作业。

"天和"机械臂是模仿人类手臂设计的，由两根臂杆组成，对应人体的大臂、小臂。两根臂杆的展开长度可达 10.2 米，在肩部、肘部、腕部设置了 7 个可灵活转动的关节。"天和"机械臂不仅灵活，还是一个"大力士"，其末端可承载 25 吨重物。在"天和"机械臂末端可以安装脚限位器，航天员出舱后只需站在脚限位器上，机械臂便可安全平稳地将他们送至目标位置，实现航天员在舱外的大范围转移，辅助航天员执行舱外作业任务。这不仅能节省体力，还可以解放航天员的双手，使得舱外作业效率更高。

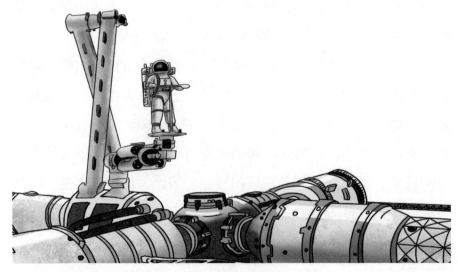

· 在"天和"机械臂的帮助下，航天员实施舱外作业。

舱外航天服里的"黑科技"

舱外航天服需解决防辐射、温度控制、压力调节、供氧、供电、通信、通风、动力等各种问题，需要支持人体长时间在太空环境下开展各项作业，保障航天员的生命安全。舱外航天服实际上是一个小型航天器，主要包括服装、头盔、手套以及航天靴。其中服装部分最为复杂，是由排泄物收集装置和舒适层、液冷通

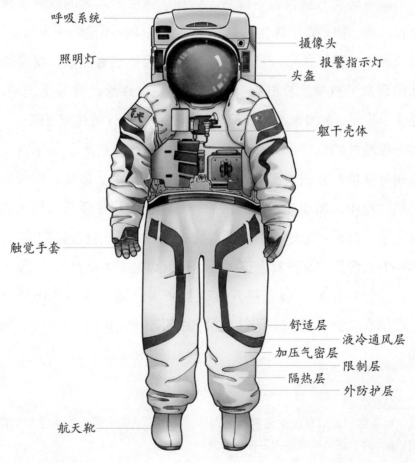

・舱外航天服功能示意图

风层、加压气密层、限制层、隔热层和外防护层组成的 6 层结构。舱外航天服是一个跨专业融合的高科技复杂巨系统[①]，反映了一个国家的科技实力。中国自主研制的第二代飞天舱外航天服已经达到国际先进水平。

 ## 克服太空常见病——减压病

人体在环境气压快速下降时，组织、体液中溶解的氮气呈现过饱和状态，如果溶于体内的氮气由于气压降低不能随呼吸排出，而是逸出到皮肤、关节、肺部、血管、神经系统等组织，就会使人体出现关节疼痛、皮肤瘙痒、蚁走感、冷热感、呼吸压迫感、干燥感、头痛、神经麻痹以及肌肉抽搐等症状。这就是减压病。

一般舱外的气压不超过 0.5 个标准大气压，航天员如果直接进入舱外环境，会因气压快速下降而导致减压病。因此，航天员在出舱过程中，需要先进入气闸舱，气闸舱将缓慢泄压，航天服加压充氧。航天员出舱前预先吸入纯氧，后将氮气逐步排到体外，把体内的氮含量控制在安全范围，这样就可避免太空减压病了。

后续，中国航天员还将开展次数更多、更为复杂的出舱活动，相信在飞速发展的空间技术的支持下，他们能取得更优异的成绩。

---

① 复杂巨系统：组成系统的元素数量大且种类多，它们之间的关系复杂并有多层次结构时，该系统被称为复杂巨系统。

延伸阅读

空间站航天员出舱活动分几步？

第1步

安装舱外航天服，先把舱外航天服的各部分组合起来，再把净化器、氧气瓶、电池、无线电遥测装置等可更换部件装在舱外航天服上。

第2步

进入气闸舱，关闭气闸舱与核心舱舱门，穿液冷服、舱外航天服，对服装进行调整、气密性检查和性能测试。

第3步

航天员吸氧排氮，给舱外航天服加压，同时气闸舱缓慢泄压，最后将舱外航天服加压至40千帕（人体能够承受而又保证灵活性与气密性的压力值）。

第4步

当气闸舱减压至20千帕时解锁并打开舱门，航天员按计划执行出舱任务。出舱时，航天员一般会借助把手、扶栏和助力装置来固定身体、维持姿势和发力操作，并通过系绳防止飘失。"神舟十二号""神舟十三号"载人飞船的航天员在执行出舱任务时，就采用了带脚限位器的机械臂辅助和自行攀爬作业两种方式。

第5步

航天员完成出舱任务后返回气闸舱，执行一套反向程序，关舱门、增压、脱舱外航天服、换舱内航天服、打开双向舱门，最后回到核心舱内的工作位置。

"一盔一带"——太空中的生命线

撰文/钱航（中国航天科技集团一院航天科普专家）

> 头盔是我们非常熟悉的一件物品，其历史可以追溯到远古时代。为避免在追捕野兽或格斗时头部受伤，原始人用椰子壳等纤维质以及犰狳（qiú yú）壳、大乌龟壳等来保护自己的头部。但经过几百万年的进化和环境改变，人类所面临的外部环境威胁也发生了翻天覆地的变化。头盔这个古老的保护工具，经过不断发展，现在已成为现代人类遨游太空必不可少的保护罩。

 ## 头盔提供的保护

众所周知，航天员在执行太空任务时少不了一套科技感十足的航天服。可以说，航天服就是航天超级英雄的战甲和保护壳。

作为航天服必不可少的组成部分，航天员的头盔由头盔壳、面窗结构和颈圈等组件构成。头盔通过颈圈与服装连接，头盔上的面窗平时可随意启闭，紧急时可在数秒内自动或由手动关锁。在航天飞行中，头盔主要用于为航天员的面部营造舒适、安全的密闭氧气环境，保护航天员的视、听感官，以免航天员的头部受到太空环境的伤害。目前，在载人航天中使用的头盔有软式与硬式两种。软式头盔大多数作为舱内航天服的组件，在飞船发射、轨道压力应急和返回过程中，起到隔音、隔热、减震、通信等作用。硬式头盔一般用于航天员舱外活动，分为固定式和转动式两种，其中转动式头盔的颈圈上有气密活动轴承，但密封环节增多会降低头盔的气密性与头盔结构的可靠性。

为什么航天员在太空一定要戴头盔呢？其实这个答案很简单——因为太空没有空气。在地球上，由于受重力影响，我们每个人都能不费力地呼吸到空气，但是在太空，如果脱离了头盔的辅助，航天员就会窒息。

险酿大祸的头盔

或许你会说，幸好有头盔保护航天员。殊不知，有时候头盔也会给航天员带来灾难。2015年2月25日，美国航天员特里·维尔特斯在完成6个多小时的太空行走任务后发现自己的宇航头盔里有积水，当特里·维尔特斯返回"探索号"气闸舱进行重新加压后，与他共同执行航天任务的航天员萨曼莎·克里斯托福里蒂告诉位于美国休斯敦的美国航空航天局指挥中

· 头盔漏水会危及航天员的生命安全。

心:"维尔特斯宇航头盔里的水积于头盔前部,水位已高于眼睛,积水直径约3英寸(7.62厘米)。"幸而特里·维尔特斯并没有生命危险。

2016年1月,两名航天员走出国际空间站,进行当年首次太空行走,但之后任务被紧急叫停,原因是头盔又漏水了。原来,此次太空行走原定将持续约6个半小时,但航天员蒂莫西·科普拉报告说自己的头盔内部有积水,而且水是冰冷的。地面控制中心由此推测航天服的冷却系统出现了故障,导致冷却水进入了头盔里。在微重力环境中,漏水不同于地球表面,会危及生命。

生命之带

除了头盔,安全带这根"生命之带"对航天员来说也是必不可少的。在飞向太空的过程中,无论是在舱内还是舱外,安全带都是很重要的装置,因为它在关键时候保障着航天员的安全。

载人火箭发射前一个小时,航天员们除了要例行检查通信、跟航天员系统指挥中心通话、复位仪表板,还要系上相当于开车时司机、乘客所系的安全带,把腿部、身体固定好。你是否对太空探索技术公司设计制造的"猎鹰九号"运载火箭成功发射升空还有印象?在这次发射前,两名航天员不仅给自己系上了安全带,还给其中一名航天员带的小恐龙玩具也系了安全带。

太空行走,意味着航天员要从飞船内近似于地面的大气环境进入太空的高真空、强辐射环境中，也意味着航天员要离开飞船，独自在失重的太空中"行走"。如何保证出舱航天员的安全？航天员一旦脱离飞船，岂不是很容易消失在茫茫太空中，成为"太空飞人"？不用担心，航天员身上系着"安全带"。就拿中国的舱外航天服来说，其胸甲右下侧伸出了一长一短两根橘黄色安全绳。这

·"神舟七号"舱外航天服

不是普通的绳子，它们内部有弹簧，最长可拉至3米，能够承受近1万牛的拉力。绳子的另一端是两个挂钩，在太空行走的每一步之前，航天员都要先在轨道舱壁的扶手上固定好安全系绳的挂钩，一根固定好了，另一根才能改变位置。

在太空行走过程中一定要系好安全绳，尽管这种做法比较费时，但必须严格执行，并且注意不要让安全绳缠绕在其他物体上。系安全绳的原则是：当身体将要移动到一个新的位置时，先将新安全绳系好，再将原来的安全绳解开。在太空行走时也不要带太多东西，因为航天员可能会忙不过来——既要进行操作，又要不断地系安全绳，还要防止没有系绳的设备从身边飘走。

如何"打包"去太空

撰文/庞丹　罗维玮　毛凌野　时小丹（中国航天科技集团五院）

2021 年，中国空间站建造大幕全面拉开，中国进入空间站时代。渺茫太虚万里远，此心安处是吾乡。中国航天员在首个"太空别墅"里的生活成为大家最为关注的焦点。你是不是也很好奇，那些生活物资是如何被"打包"运往太空的呢？

给"太空别墅"送快递

"天舟"货运飞船，是中国空间站工程的重要组成部分，是向中国空间站运输物资、补给燃料并下行废弃物的使者，其主要任务是运载货物，为空间站补充物资，同时预留空间站

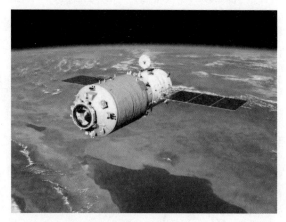

· "天舟"货运飞船太空飞行模拟图

上的废弃物于返程时销毁。此外，它还可以配合空间站进行组合和姿态控制，协助开展货运飞船能力的技术性实验。

延伸阅读

如何区分"天宫""天和""天舟"和"神舟"？

"天宫""天和""天舟""神舟"……中国的航天系统太庞大了，你知道这些名字相似的航天器都是用来做什么的吗？让我们一起来认一认。

1. "天宫"

"天宫"是我国的空间站。空间站是指可供多名航天员巡访、长期工作和居住生活的载人航天器。之前发射的"天宫一号"和"天宫二号"是中国空间站的前身，它们属于空间实验室，规模上小于空间站。与空间实验室比，空间站最大的特点就是规模庞大、在轨运行的时间久、任务周期时间长。

2. "天和"

"天和"核心舱是空间站的第一个舱段，也是整个空间站的主控舱段。形成空间站组合体之后，它将负责组合体的控制、管理任务。

3. "天舟"

"天舟"系列属于货运飞船，相当于太空"快递小哥"，主要作用是向空间站及空间实验室运送货物、飞行燃料等物资。

4. "神舟"

"神舟"系列是载人飞船，是航天员天地往返的"座驾"。2003年10月，"神舟五号"载着杨利伟绕地球遨游14圈后，安全着陆于内蒙古自治区四子王旗，中国成为第三个将人类送上太空的国家。

发射"天舟二号"货运飞船的"长征七号"遥三运载火箭点火起飞。

2021 年 5 月 29 日 20 时 55 分，搭载"天舟二号"货运飞船的"长征七号"遥三运载火箭点火发射，"天和"核心舱迎来首位"访客"。9 月 20 日，"天舟三号"①货运飞船在中国文昌航天发射场成功发射，与"天和"核心舱和"天舟二号"组合体实现自主快速交会对接，太空再舞"华尔兹"。

这个"快递员"不一般

身为向太空运送"快递"的"快递员"，"天舟"货运飞船可不简单。

以"天舟二号"货运飞船为例，作为中国空间站工程建造阶段的首艘飞船，其发射重量约 13.5 吨，运货能力近 6.9 吨，在轨寿命不少于 1 年，供电能力不小于 2700 瓦。

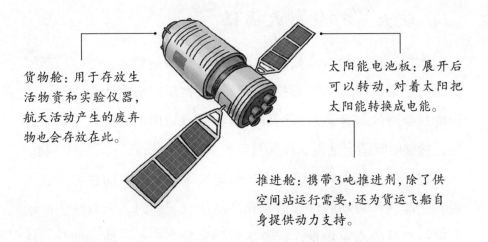

货物舱：用于存放生活物资和实验仪器，航天活动产生的废弃物也会存放在此。

太阳能电池板：展开后可以转动，对着太阳把太阳能转换成电能。

推进舱：携带 3 吨推进剂，除了供空间站运行需要，还为货运飞船自身提供动力支持。

---

① "天舟二号""天舟三号"均由中国航天科技集团五院抓总研制。

"快递"里面有什么？

搭乘"神舟"载人飞船来到"天和"核心舱的航天员们，要在"太空之家"生活几个月，因此要为他们备足各种物资，方便他们在太空里的"衣食住行"和工作。以"天舟二号"送去的"快递"中的生活物资为例，其中比较特别的有以下几样：

1. 空间站上的"中式美食"。食物不仅有主副之分，而且讲究荤素搭配，风味独特。人人皆知的鱼香肉丝、宫保鸡丁……都出现在了航天员的"太空餐桌"上。

2. 推进剂。在对接期间，它可以为"天和"核心舱进行燃料加注与姿态控制。值得一提的是，"天和"核心舱推进系统实现了完全自主补加，无需地面指令干预或是航天员的辅助便可完成推进剂补加。

3. 实验设备、实验资料等。这些设备均由航天员在轨取出并进行安装。

航天"打包"大揭秘

作为货运飞船，运载能力自然是第一评估要素。"天舟二号"货运飞船虽然携带大量货物，但所有货物都摆放得十分规律。上面的货架看似与普通货架无异，其实细节和构型都经过了科学分析，货架中间留出通道，航天员可在货架中顺畅通行，拿取货物。

空间站借鉴国内物流先进的管理技术，航天员通过扫描二维码，便能获得货物的位置信息和产品信息。同时，该系统还能动态掌控产品的库存数量，记录下空间站货物一分一厘的变化，从而确保航天员的工作、生活更轻松便捷。

运送宇宙级"大礼包"的"天舟三号"

作为"天舟二号"货运飞船的"亲兄弟"，"天舟三号"的任务是空间站关键技术验证及建造阶段的第二次货物运输应用性飞行。货运飞船为满载状态，运载了可支持3名航天员在轨驻留6个月的物资、空间站备份设备、空间科学载荷等货物。此外，"天舟三号"还携带了补加推进剂等上行物资，在停靠期间具备并网供电能力，可以为空间站提供供电支持。"天舟三号"本次带货的特点就是"贵"！

珍贵

太空是一个接近真空的环境，航天员在空间站内生存要有适

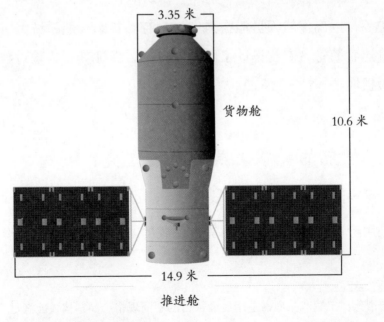

• "天舟三号"货运飞船结构图

宜的大气环境，所以需要一样特殊的物资，就是气瓶。它由特种复合材料制成，瓶内可以充至 300 倍大气压力，这样充 1 瓶氧气就能供航天员使用很长时间。

宝贵

航天员长期在空间站驻留生活离不开宝贵的水资源。"天舟三号"携带了多组水箱，供航天员饮水和使用。这些水箱均采用由轻质、柔软材料制成的"水囊"进行包装，不仅可以保证饮水安全，还可以在饮水用尽后更好地进行收纳。

金贵

在"天舟三号"带的货物里，最"金贵"的就是舱外航天服了。这套装备重达 90 多千克，主要功能包括供氧、调温、辐射防护等，以确保航天员能在太空中生存。货运飞船系统为了上行运输这套装备，专门设计了舱外服支架，保证其在运输过程中不会被损坏"一针一线"。

✵ 货包的灵感来源竟是螃蟹壳？！

除了这些特殊货物，"天舟三号"货运飞船携带的其他货物都是用标准化、型谱化 ① 的货包装载的。这些货包不仅具有良好

———————

① 型谱化：宇航产品型谱是用最少数目的不同规格产品，构成能满足全部使用要求的产品系列。

的力学承载性能，还有抗菌、防霉、阻碍燃烧、无有害气体挥发等多个优点。

研发货运飞船货包材料的灵感源于螃蟹壳。经过大量探索和试验，科研人员从螃蟹壳里提取了一种特有成分。这一成分经过特殊工艺、特殊制作，成为性能优异的"天舟"货包材料。

在科研人员的不断努力下，"天舟"货运飞船的装载密度逐渐增大，货物在发射场安装的效率变得更高，整船装载能力更强。而且经过优化设计等"精装修"，货运飞船的货格"外墙面"也更加舒适、美观，能给航天员提供更加舒适的环境。

如何在空间站给地球打电话

撰文/张拯宁（中国空间技术研究院）

> 在中国"天宫"空间站，只要不忙，航天员随时可以给地球上的朋友打个电话，刷一刷朋友圈。你知道"天地通话"是怎么实现的吗？为了让航天员实现太空"冲浪"，科学家们要解决哪些难题呢？

 ## 给通信披上"航天外衣"

我们在地球上可以随时用手机拨打电话，是因为城市里到处是手机基站，但一旦离开基站，通信服务就会中断。空间站在距离地球约 400 千米的轨道上绕着地球高速运动，肯定无法收到来自手机基站的信号。

那么"天地通话"究竟是如何实现的？其实，载人航天使用的通信手段在原理上和地球上的其他无线电通信技术一样，只不过因为距离更遥远，所以在地球上安装的通信天线就要更大，发射功率也需要更大。2003 年，中国第一位航天员杨利伟进入太空时就使用了飞船上专用的通信设备，利用飞船经过中国上空的

过去的"天地通话"时长为什么那么短？

　　因为那时候载人飞船只能通过中国国土范围内建设的若干地面站以及少数几个测量船建立通信链路。一旦飞船飞出国境，就相当于我们在城市里离开了通信服务区，即使你带着手机，也无法打电话、发短信了。

短暂时间窗口和家人打了一个时长约 5 分钟的电话。

🪐 给手机基站"搬个家"

　　为了解决"天地通话"问题，就需要把地球上的"手机基站"搬到更高的太空中去。从 2008 年开始，中国先后发射了数颗"天链"卫星，专门为载人飞船和空间站提供通信中继服务。"天链"卫星运行在一种特殊的轨道——地球静止轨道上，它是位于地球赤道上空，距地面约 36000 千米的一个圆。这个轨道的神奇之处在于当卫星在其上运行时，绕地球公转一圈的时间恰好和地球自转一圈的时间完全相同，所以卫星相对于地球就是静止的。

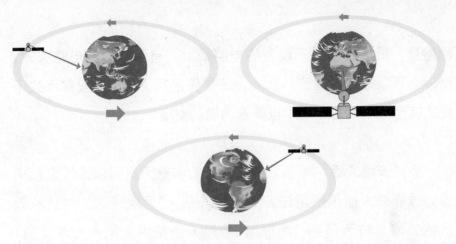

· 英国著名科幻作家亚瑟·查理斯·克拉克在其小说《无线世界》中提议将通信卫星放置在地球静止轨道。

当轨道距离地球表面非常高且与地球之间没有遮挡时，在轨道上望得也就更远，那么只需要部署 3 颗彼此之间间隔 120°的卫星，理论上就可以覆盖地球绝大部分区域。"天宫"空间站无论运行到地球上空任何地方，都可以被在轨的"天链一号"03星、04 星和"天链二号"01 星组成的通信网络完美覆盖。这 3颗"天链"卫星像一个"太空基站"一样将核心舱与地面站连接起来，建立起一条太空"天路"。

太空"冲浪"不简单

有了"天链"卫星，航天员只需要在空间站里安装路由器，再带上设备，接入天地通信网络，就可以"上网冲浪"了。然而，这件事说起来简单，工程师在实际设计时要解决许多问题。因为太空里有高能宇宙射线的辐射，这些高能粒子会击穿空间站的舱壁，最终打在电子设备的电路板上，有可能导致电路失效，所以必须采取防护措施。此外，还要保证用于通信的设备不会干扰到其他电子设备，同时也要确保电池安全。

通过天地通话，地面上的工作人员和航天员可以进行直接交流，方便载人航天预定任务的顺利开展；"天地通话"也让航天员的家属与航天员不"断联"，为航天员提供坚实的心理支持；对于在地面上心系宇宙的我们来讲，实时联络可以更直观地了解航天员的太空生活、学习载人航天科技知识；在紧急情况下，实时联络也可以让工作人员更好地处理异常情况。

太空"菜农"的丰收日志

撰文 / 朱林崎（国际宇航联合会卫星商业应用专委会）

你曾在科幻电影中看到主人公在外星球种植果蔬的场景吗？相信不少人看过电影之后都会开始憧憬去太空当一次菜农，但想要在太空种菜，实现"春种一粒粟，秋收万颗子"，可没那么简单！让我们回到现实，看看植物在太空是如何生长的吧。

 ## 培养箱里有乾坤

早在 20 世纪 70 年代，研究人员就开始尝试在空间站种植植物，培育的花花草草多达 40 种，可食用的植物种类包括白菜、油菜、生菜、黄瓜、西红柿、马铃薯、萝卜、洋葱等，还栽培过郁金香、长寿花、百日菊和向日葵等花卉。

在空间站里，植物通常住在专属"贵宾房"——空间植物培养箱内。培养箱一般采用密封结构，以维持植物生长所需的环境。虽然培养箱只有微波炉那么大，但里面满是"黑科技"：具备调节温度、湿度、光照、空气循环、营养供给等功能，让植物在微重力条件下也能生长发育。

在中国空间站，植物的"贵宾房"是生命生态实验柜中的通用生物培养模块。航天员只要完成简单的安装工作，科学家在地面遥控，就能启动装有植物种子的实验单元，并且实时掌握种子的生长动态。

生根发芽何所依

在空间站，植物面临的最大挑战就是微重力环境。地球上的植物具有"顶天立地"的特性：植物的幼芽总是背地而长，向上追寻阳光和空气；植物的根总是向地而生，向下扎入土壤中吸收水分和养料。而在微重力环境中，没有了上下之分，植物的根和茎也失去了方向感，不知道朝哪个方向生长。如果没有光照等因素的刺激，植物的根和茎会呈随机自由生长状态，变成一团乱麻。但是在有光照的条件下，植物的茎会向着光源的方向生长，根则会朝着水分和营养充足的方向生长。

那么，什么灯适合作为光源呢？LED 灯是适宜靠近植物的冷光源，再加上其具有光能转换率高、体积小、寿命长、波长固定、光质可调等优点，顺理成章成为栽培植物的理想光源。研究发现，红色和蓝色的 LED 灯可以用于栽培植物，其中红色光是最主要的光源，有助于植物茎部的生长与叶片的伸展，还可以调节花期、休眠期等。

在实际应用中，也会配置部分绿光和远红外光作为辅助光源。国际空间站曾经成功培育过一朵百日菊，正是用红色、蓝

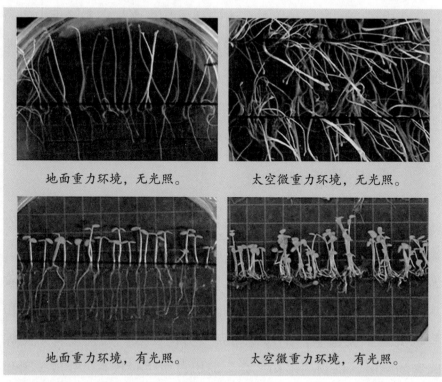

地面重力环境，无光照。　　太空微重力环境，无光照。

地面重力环境，有光照。　　太空微重力环境，有光照。

· 重力环境和光照对植物生长方向的影响实验

· 第一朵在太空中开放的花朵——百日菊

· 在相关实验中，科研人员用 LED 灯为百日菊提供照明。

色和绿色 LED 灯为其提供照明——让百日菊每天做 10 个小时的
"灯光浴"，再"睡"上 14 个小时。2016 年 1 月 17 日，这朵百
日菊悄然绽放，成了第一朵在太空中开放的花朵。

枝繁叶茂藏玄机

　　除了光，植物生长还离不开水分。你知道在太空中给植物浇
水有多麻烦吗？首先，你无法使用喷壶，因为水珠会不停地飘来
飘去。在地球上，植物蒸腾作用产生的水，会在凝结为水珠后随
着重力落到土壤中。而在太空，水珠无法下落或上升，会飘浮在
空中或在植物叶片周围聚集。土壤中的水分也会在植物的根部周
围聚集，严重时会导致根部窒息。此外，微重力条件下，气液分
离也很难，这使得植物呼吸作用、光合作用所需的气体交换变得
艰难。这些因素会使植物出现缺氧症状，导致其生长缓慢，甚
至死亡。

　　为解决这些问题，科学家将特制的栽培盒放置于植物培养箱
中。栽培盒里装有特殊的栽培基质和肥料，可以帮助植物在根部
周围均衡地分配水分、养分和空气。栽培基质一般是固体，包括
蛭（zhì）石（一种矿物质）、沸石（一种矿石）、煅烧黏土等。这
些基质具有很强的吸附性，水分在其中传导非常均匀，根系生长
在栽培基质里就可以很好地吸收水分了。

　　植物种子用天然胶胶在栽培盒的垫层上，引导植物根部在
没有重力的情况下，向着栽培盒底部肥料的方向生长，即向下生

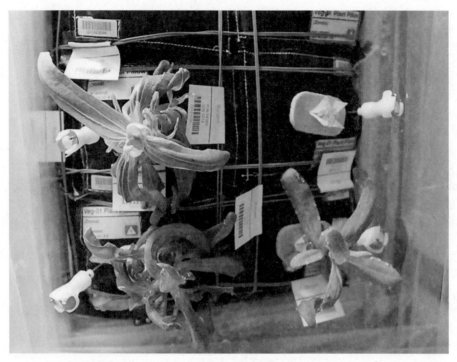

· 植物生长在栽培盒中。

长在栽培盒中。在栽培盒的底部有特殊的储水箱，植物浇水是通过注射的方式完成的，航天员会定期通过注射器将水添加到栽培盒中。

科学家还为植物设计了两件分别可以锁水、补水的保湿"神器"。锁水"神器"是指在栽培盒里贴上一层只透气不透水的透气膜，保证植物与外界有一定的气体交换，而水又不会从透气膜中溢出。补水"神器"指的是冷凝装置，当植物中的水分蒸发变成水汽后，这套装置能够使水汽重新冷凝成液态水并被导入栽培盒内，实现太空密闭环境下水的有效循环利用。

空间站里"庆丰年"

在太空吃上新鲜蔬菜已不再是遥不可及的事。2015年8月10日，国际空间站上种植的生菜喜获丰收，航天员们开心地大嚼自己种植的太空生菜，这一口舌尖上的味道非同寻常，是人类迈向深空的重要一步。2022年底中国"天宫"空间站建成后，中国多位航天员都体验了一把当"太空菜农"的感觉。随着太空种菜设备与技术的不断进步，生菜从作为中秋"加餐"发展到可以随摘随吃，航天员们幸福感满满地表示："味道美极了！"

除了生菜，科学家还对生长周期长达120天的辣椒发起了挑战。2021年11月，国际空间站的航天员

·国际空间站收获的辣椒果实

们品尝到了太空辣椒的味道。有意思的是，这种尾部会翘起的辣椒品种在微重力环境下，果实是较为笔直的。

太空植物将成为未来太空探索的一个重要方向，说不定未来你也有机会品尝到来自太空的果蔬佳肴呢。让我们一起拭目以待吧！

水稻种子的"上天入地"之旅

撰文/朱林崎（国际宇航联合会卫星商业应用专委会）

知识卡片

1987年8月，中国返回式卫星首次将一批水稻、西红柿和青椒等种子送入太空，开启了种子的太空"奇遇之旅"。这种"旅行"被称为航天育种，即让种子先"上天"，利用太空近似真空、充满宇宙射线、微重力等特殊环境，诱使种子发生基因突变；变异后的种子再"入地"，经科研人员筛选及多代选育，最终获得优良新品种。

太空"奇遇之旅"的优势在于变异过程快，变异概率高、变异范围广，是缓解优质农作物种源贫乏的有效途径之一。经过30多年的发展，水稻已成为中国航天育种里太空旅行次数最多、研究成果最显著的作物。

太空环境诱发的基因变异可遇不可求，虽然其概率高于自然变异的概率，但平均也只有0.5‰~5‰，其中有益的突变大约只占总变异量的3%。回到地面之后，种子的筛选就像开盲盒，要将它们培育到第2代才可以开始选拔性能优异的种子，经过6~8代的培育和层层筛选，历经5~10年，才能诞生新品种。

2020年12月，"嫦娥五号"月球探测器携带的2500粒水稻种子，在经过一场历时23天、飞行近80万千米的"奔月旅行"后顺利返回地球。这批种子名为"航聚香丝苗"，是从1万个品

·研究人员对成熟的"奔月"水稻进行取样。

种中脱颖而出的"骄子"。"航聚香丝苗"是出身名门的"航二代"，"父亲""华航31号"和"母亲""航恢1508"都是航天育种的成果。

这批种子除了是目前为止飞得最远的水稻种子之外，还脱离了地球磁场保护，遭遇了更强的辐射和太阳黑子，可能会诱发更强烈的基因突变。科学家已经发现它们在产量、品质和抗病性上的一些特殊变异。

2021年7月，在华南农业大学试验基地种下的"奔月"水稻种子迎来了第一次收获。预计经过2～3年会有第一批产品出现，5～10年后将完成全面研究。

太空里的趣味实验

撰文/苏奇名（"天宫课堂"设计者）

随着"天宫课堂"的播出，太空里的趣味实验在全社会引起了强烈反响，越来越多的人把目光从地球转向了太空，以"天宫课堂"第三课为例，实时在线的观众超过 8 亿人。之所以有这么多人关注这个节目，主要是因为太空里的趣味实验非常有吸引力，它打开了人们的视野，展现了一幅人们在地球上没有见过的美丽画卷。

"真正"的匀速直线运动

以大家耳熟能详的牛顿第一定律为例，牛顿通过这个定律向我们表明，一切物体都处于匀速直线运动状态或者静止状态，直到外力迫使它们改变这个状态为止。可是在现实生活中，我们很难创造出不受外力影响的理想环境，也就不会出现牛顿第一定律所描述的那种匀速直线运动。因此，很多青少年朋友一直都对此十分疑惑。

我们可以做一个实验，用一根拉直的细线作为导轨，把吸管

· "天宫课堂"中的冰墩墩与牛顿第一定律

套在细线上，并把冰墩墩固定在吸管上，将它用力推出，尽管它能够沿着细线做直线运动，却不能做到匀速。因为在这个过程中，冰墩墩会受到细线与吸管之间的摩擦力、空气阻力等各种外力的影响。

但当我们在太空做这个实验时，奇迹发生了！

在"天宫课堂"上，只见航天员随手抛出一个冰墩墩，它就能沿着一条直线做匀速运动。这是因为身处太空的空间站中没有重力，我们不需要拉起一根细线为它创造出做直线运动的导轨，因而摩擦力消失，冰墩墩看起来是在自由地做匀速直线运动。在"天宫课堂"上，我们对牛顿第一定律做到了眼见为实！[1]

———————

[1] 注意：此处的理想环境并不是绝对理想的，空间站里依然有空气阻力，但相对地面来说十分微小。

这就是太空实验的神奇之处，它能带你见所未见！

轻而易举吸到水

当我们用吸管喝水时，嘴巴对于吸管内部空气的吸力使得吸管内部空气减少，气压降低，外部大气压高于吸管内的气压，内外压力差为水提供了克服重力和沿程阻力的动力，我们也就喝到了水。

但是，如果我们用 2 米长的吸管去喝距离我们较远的水，这个过程所需要克服的水的重力和沿程阻力就大大增加了，喝到水所需要的压力差也随之而增加。具体的感受如何？你可以自己去尝试一下。

这个挑战的主要困难在于人的肺活量有限，一般的成年人肺活量在 2500 ~ 4000 毫升，所能制造的压力差是有限的，无法一口气喝到距离那么远的杯中水。如果换一口气接着喝，在换气的一瞬间，吸管内的水会在重力的作用下回落，再吸气还是只能将水吸到与之前相同的高度，如此往复。

在地面上要想喝到距离较远的杯中水，也不是没有办法。只要你在换气的时候，用手指捏紧吸管，以维持内外压力差不变，保证吸管

大气压

· 吸管的原理

内的水不会回落，之后再接着吸，这样就能很快喝到水了。

这个挑战看似很简单，但若未掌握其中的科学奥秘，就很难获得成功。

如果在太空做这个实验，就会轻松很多。由于物体在太空处于失重状态，不受重力影响，当航天员用吸管喝水的时候，一点微小压力差就能像一只无形的大手，把水压进吸管，因此航天员很容易就能喝到距离他们较远的水。

可以在太空中做的有趣实验还有很多，例如，一滴水在地表附近呈水滴形，在太空则会呈现圆球形。你也可以通过所学的知识，设计一些有趣的太空实验，说不定有一天，你可以真的进入太空，用你的实验证明科学的意义。

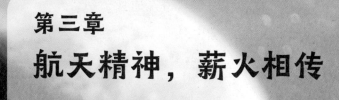

第三章
航天精神，薪火相传

他们是中国航天事业的铺路石，
春露秋霜，冬来夏往，
一点点铺就通向云霄之上的漫漫"登天"路；
他们是英勇无畏的"追星者"，
带领我们一次次飞向无边星海，
探索广袤的未知世界。

这一章，让我们走近科学家们的精神世界，满怀无限崇敬与热忱，倾听一曲曲以赤子之心写就的航天奋斗者之歌。

"对于我们航天员来说，使命重于生命。即使我们回不来，也要让五星红旗在太空高高飘扬！"
——景海鹏（我国迄今飞天次数最多的航天员）

赵九章：愿将一生献宏谋

撰文 / 刘宇涵（中国科学院自然科学史研究所）

1970年4月24日，中国人民在收音机中听到了从浩渺太空中传来的一曲《东方红》。几十年来，无数航天人默默奉献，让中国卫星事业从无到有、由弱到强，而赵九章就是其中的关键人物之一。赵九章是中国现代气象学、空间科学的开创者，也是倡导和开拓中国地球科学数学物理化和新技术化的先驱。

· 赵九章

赤子之心，科学救国

1907年10月15日，赵九章出生于河南开封的一个中医世家。五四运动爆发后，本想从事文学研究的赵九章深受震动，决心科学救国，于是改学科学。在这种思想的指引下，赵九章考入清华大学物理系。读书期间，他受到物理学家叶企孙先生的影响，对气象学产生了兴趣。于是毕业后，赵九章通过庚款留学考试[①]，远赴德国的柏林大学攻读气象学专业。留学期间，赵九章看到了国外先进的教学环境与成熟的科学技术，为中华之崛起而读书的使命感愈加强烈，更坚定了以科技报国的决心。1938年，在顺利取得博士学位后，赵九章拒绝了导师的盛情挽留，怀着满腔热血回到了当时极为落后的中国。

于家为国，苍穹为志

气象事业是观天、擎天之大任。从德国归来后，赵九章任教于西南联合大学，先后开设了理论气象学、大气物理学、高空气象学、海洋学等课程，编写了中国第一部动力气象学教材。同一时期，赵九章兼任清华航空工程研究所研究员，主攻航空气象。当时的中国战火连天，他们一家人的生活相当窘迫，但这并没有影响赵九章对事业的追求。

1944年，赵九章在竺可桢[②]的推荐之下，进入中央研究院气象研究所主持相关工作，以建设中国现代气象科学。这一时期的中国仅有72个气象台站的资料和东亚区域范围的天气图，只有对北半球全部气象台站的资料进行收集、整理，研究人员才能绘制出整个北半球的天气图，破解中国的天气密码，提高天气预报

---

① 庚款留学考试：美、英、日、法等国退还庚子赔款的官费留学考试。
② 竺可桢：中国近代气象学家、地理学家、教育家。

的水平。赵九章带领气象所人员不分昼夜地辛勤工作，于1949年12月绘制出中国第一幅北半球天气图。气象学家在这幅天气图的帮助下破解了天气变化的密码，提高了中国天气预报的水平。

刚毅坚卓，为国铸盾

1957年10月4日，苏联第一次将人造卫星送入太空，这一壮举震惊了世界。赵九章敏锐地觉察到，人造卫星的时代来临了，为了不让中华人民共和国在国际发展上落于人后，我们必须研究人造卫星，尽快掌握人造卫星的发射技术。赵九章以此为题做了很多报告，他不仅对人造卫星进行调研，还写文章宣传发展人造卫星的意义，希望为中国人造卫星事业的发展做好准备。

· 1959年，赵九章（左一）正在做报告。

1958年，赵九章任中国科学院人造卫星领导小组副组长，以极大的热情投入中国空间事业当中。

当时，赵九章是中国科学院地球物理研究所二部的主要技术负责人，负责人造卫星研制的各项准备工作。他不仅提出了"中国发展人造卫星要走自力更生的道路，要由小到大，由低级到高级"的重要建议，还及时将主要研究力量投放到资金和人力需求较少的气象火箭上。这让科学家在开展其他高空物理探测项目的同时，对人造卫星的发展方向进行探索，保障了中国人造卫星事业的发展。

1964年，赵九章正式向国务院提交了开展人造卫星研制工作的建议。1966年1月，中国科学院成立卫星设计院，代号"651"设计院，赵九章任院长。赵九章对中国卫星系列的发展规划和具体探测方案的制定有重大贡献，在中国第一颗人造地球卫星、返回式卫星等总体方案的确定和关键技术的研制工作中，其功劳是不可磨灭的。

1968年10月26日，赵九章与世长辞。在他去世18个月后，"东方红一号"人造地球卫星发射成功，中国成为世界上第三个掌握人造卫星关键技术的国家。赵九章未能亲眼见证"东方红一号"的成功发射。回望他的一生，堪称一曲以赤子之心写就的航天奋斗者之歌。

杨嘉墀：问道苍穹，为理想澎湃一生

撰文 / 刘宇涵（中国科学院自然科学史研究所）

杨嘉墀（chí）（1919年7月16日—2006年6月11日）。中国共产党党员，空间自动控制学家，自动检测学的奠基者。中国科学院学部委员（院士），"两弹一星"功勋奖章获得者。

· 杨嘉墀

卫星，飞船，探月……杨嘉墀几乎出现在中国航天事业的每一个重要时刻，回望中国卫星研制历史，一座属于他的丰碑正熠熠生辉。

 ## 吴江少年，立志"科技报国"

1919年，杨嘉墀出生于江苏省吴江县的一个丝业世家。那时的中国风雨飘摇，杨家经济每况愈下，杨嘉墀便与父母背井离乡，辗转到上海求学。高中时，他对新鲜的工科教材和设施设备很感兴趣，便选读了机械工科，如饥似渴地吸收机械制造方面的知识。

1937 年，抱着"国家兴亡，匹夫有责"的宏愿，18 岁的杨嘉墀考取了上海交通大学电机工程系。那时的中国正在日本侵略者的蹂躏之下，杨嘉墀难忘那段充满国仇家恨的历史。他多次提起："一刹那爆炸声起，百姓扶老携幼，啼哭奔跑，悲痛的情形实在令人满腔怒火，但国家积弱，无力抵抗，百姓受尽屈辱。"他下定决心要改变国家积贫积弱的现状。

"我要回中国工作，那里是我的家"

1941 年，杨嘉墀从上海交通大学毕业。他没有留在敌人管辖区工作，而是带着一腔报国的热血，冒着生命危险穿越重重封锁，远赴西南联合大学担任助教。

1947 年，多年的实践工作让杨嘉墀深刻感受到中国与发达国家工业水平之间的巨大差距，他下定决心前往美国学习先进的技术和知识。杨嘉墀来到美国哈佛大学学习，在两学期中上了 8 门课，同时还在麻省理工学院选修了几门课。课程很紧，但他仍然取得了 A 等的成绩，并于 1949 年顺利获得了博士学位。

尽管当时杨嘉墀已经在美国科研界崭露头角，有着令人羡慕的职业、收入以及优越的科研条件，但他心中始终有一个坚定的声音——"我要回中国工作，那里是我的家"。

1956 年，杨嘉墀变卖家产换得国内稀缺的仪器设备，带着自己一身的知识，和妻子、女儿一起回到阔别已久的祖国。

回国后，杨嘉墀收到多个科研单位及高校的任职邀请，他选择了最具挑战性的中国科学院自动化及远距离操纵研究所。在之后的几年里，他带领团队完成了"火球光电光谱仪"和"地下核试验火球超高温测量仪"的研制工作——这两项设备成功地应用于中国首枚氢弹试验和首次地下核试验。

发射！属于中国的人造卫星

1957 年，苏联发射了人类第一颗人造卫星，1958 年，美国成为世界上第二个让人造卫星升空的国家。毛泽东主席指示，我们也要搞人造卫星。其后，中国科学院专门成立"581"组研制

· 1958 年 10 月至 12 月，中国人造卫星事业的奠基人之一赵九章（右一）率代表团赴苏联考察卫星研制工作，左一为杨嘉墀。

人造地球卫星，杨嘉墀是成员之一。1965 年，杨嘉墀担任人造卫星总体设计组副组长。除了参与卫星总体方案的讨论，他还专题论证了卫星的姿态控制及姿态测量。1970 年 4 月 24 日，中国第一颗人造地球卫星成功升空。

1975 年 11 月 26 日，中国于甘肃省酒泉卫星发射中心发射第一颗返回式卫星，杨嘉墀与同事负责监视卫星运行过程中姿态控制系统的工作状况。卫星刚运行到第七圈，测控中心收到的一组数据显示气压下降过快。如果是氮气泄漏，那意味着卫星姿态控制的动力将消失，卫星必须提前返回。

在当时，卫星只要能返回就算成功，所以很多人主张提前返回。杨嘉墀通过大量计算提出不同看法，认为氮气并没有泄漏，气压数据下降是温度过低引起的，卫星按原计划运行 3 天没有问题。3 天后，返回式卫星平稳地回到了专家的预设地点，中国成为全球第三个掌握了卫星研制、发射、回收技术的国家。

多年来，杨嘉墀一直将工作放在第一位。回忆往昔，他深情地写道："我期望中国航天技术能不断占领科技高地，在 21 世纪中叶和世界空间大国在航天领域并驾齐驱，为人类做出更大的贡献。"

王希季："箭"击长空拓天疆

撰文/张思晨（中国科学院自然科学史研究所）

1958年5月，毛泽东在讲话中明确提出"我们也要搞人造卫星"。这一讲话，吹响了中国人进军太空的号角。在此后的半个多世纪中，中国老一辈科学家铸就了"两弹一星"精神，这是中华民族精神的重要组成部分。本文主人公——卫星和空间技术专家、中国科学院院士、"两弹一星"元勋王希季，就是他们中的一员。

· 王希季

 ## 峥嵘求学，学成归国

1921年7月，王希季出生于云南昆明的一个商贾家庭，小学毕业即以会考状元的成绩初露峥嵘。17岁时，他以优异成绩被西南联合大学机械系录取，攻读动力厂工程专业——打算毕业后到动力厂工作，为祖国建设大电站。

1948 年，王希季怀着工业救国的理想赴美留学，就读于弗吉尼亚理工学院动力与燃料专业。1949 年，听到中华人民共和国成立的消息，硕士毕业的他不忘自己为国、为民的初心，毅然放弃继续攻读博士学位的机会，以及美国提供的优厚待遇，乘上邮轮，在祖国最需要的时候回国。

回国后，王希季先后任职于大连工学院、上海交通大学和上海科学技术大学。任职期间，他初心不改，依然在心中规划着祖国大电站的蓝图。

为国转行，筚路蓝缕

1958 年 11 月，王希季被调至上海机电设计院，进行"长征一号"运载火箭的研制工作，也为发射中国自己制造的人造卫星做准备。

此前，王希季从未接触过卫星、火箭方面的知识，国内也鲜有这方面的资料。他带领团队从零开始：没人做过运载火箭，就从探空火箭入手；缺少仪器设备，就想"土办法"解决。他们把设计院内的一个厕所改为测试室，把废弃的碉堡作为测试与观察室，把自行车打气筒作为燃料加注设备……终于，1960 年 2 月，中国第一枚探空模型火箭成功发射，为"长征一号"运载火箭的研制工作打下了坚实基础。

2020 年 12 月 17 日，"嫦娥五号"携月壤返回地球。这是中国航天器首次携带月壤返回地球，也是中国迄今最复杂的宇航任务之一。人类航天器从太空返回，最初是通过返回式卫星实现的。而王希季，正是中国第一颗返回式卫星的总设计师。

·"长征一号"运载火箭模型

接到研制中国返回式卫星的重任后，王希季全身心投入新任务。经过一轮又一轮的研究与讨论，他和团队最终提出了沿用至今的弹道式返回基本方案。在无数次艰苦试验后，1975 年 11 月 26 日，中国第一颗返回式卫星飞上蓝天，又在 3 天后按预定地点顺利返回地面。由此，中国成为世界上第三个掌握卫星返回技术的国家。

此后，王希季继续负责多个返回式卫星的研制工作，在中国航天事业的前进道路上发挥着重要作用。

高瞻远瞩，老骥伏枥

除了领导完成了探空火箭、返回式卫星的设计与研制工作，王希季在开拓中国航天事业上还提出了很多创见。例如，他立足实际，在中国载人航天事业的发展过程中力主先发展飞船而非航天飞机，让中国的航天事业少走了一些弯路。事实也证明，这是尊重客观规律、符合中国航天事业发展情况的道路。此外，王希季还紧跟时代变化，提出了建设中国空间基础设施的思路和途径，正式提出航天技术体系的新概念等。

· 中国第一颗返回式卫星

无论年岁几何，王希季依旧在为中国航天事业发光发热，关注并积极推动中国航天新课题，常年笔耕不辍，坚持著书育人。

如今，王希季已是百岁高龄。作为中国航天事业的"拓荒者"，他始终保持着谦逊与坦荡。他说："其实我并无过人的胆识，只不过是对认定该做的事情不惜承担风险罢了。"

戚发轫：亲历中国航天"从无到强"

撰文 / 哈立德（中国科普作家协会会员）

戚发轫（1933年4月26日—），辽宁省复县人，中国著名空间技术专家，"神舟"系列载人飞船首任总设计师，中国工程院院士，国际宇航科学院院士。1957年毕业于北京航空学院，1976年调入中国空间技术研究院从事卫星和飞船的研制工作，担任过多颗卫星和多艘飞船的总设计师，曾任中国空间技术研究院副院长、院长。他是中国载人航天工程的关键人物。

· 戚发轫

正如苏联航天先驱齐奥尔科夫斯基所言，地球是人类的摇篮，但是人类不会永远躺在摇篮里。人类发展航天技术，开发太空资源，将是拓展生存空间的必由之路。

"亡国奴"少年的航空强国梦

　　"我是做过亡国奴的人。"每当回忆起童年时代，戚发轫常会这样说。1931年，日本帝国主义发动"九一八"事变，而后迅速占领东北全境，开始了长达14年的法西斯残暴统治。他的童年就在这片沦陷的土地上度过。

　　1938年，5岁的戚发轫随父母从故乡辽宁省复县迁到金州（今大连市金州区）生活。在这座有不少古迹且盛产水果的小城里，日本侵略者的法西斯统治和奴化教育在他心里留下了难以磨灭的痛苦印记。在日本控制下的东北地区，青少年被迫学习日语并向天皇宣誓效忠。第二次世界大战后期，随着日本在太平洋上节节败退，东北地区的青少年还被视为潜在兵员。

　　在戚发轫看来，日本侵略军能在中国肆虐，很大程度上是因为掌握了（相对于当时的中国而言）比较先进的科技。日本制造的战机至少在亚洲处于领先水平，这使其能经常对中国的大城市和交通线发起空袭，且多数情况下不会受到有效抵抗。

　　到20世纪50年代初，朝鲜战争爆发，中国东北也被战乱波及。战争初期，美军飞机时常越境飞入中国领空侦

· "神舟一号"发射时戚发轫（左二）在指挥现场。

察甚至空袭。当时，美国拥有世界上最强的空军，技术水平处于领先地位，很多飞行员经历过第二次世界大战的磨炼，因此不把中华人民共和国放在眼里。

已经升入中学的戚发轫发现，美国的飞机经常在东北各地轰炸，但从未到过大连，这是因为当时大连有苏联的驻军。苏联当时的空军也不弱，这令美国不敢随意去挑衅。戚发轫在念中学时，曾亲自把被美国空军轰炸扫射的志愿军伤员从轮船上抬到码头，并分别送到医院医治，这些伤员的惨状令他非常震惊和痛心。

受日美空军侵略欺凌的时局，在他心里播下了"航空强国"的种子，让他想要为中国空军的建设和发展尽一份力，使中国早日结束这种任人欺凌的历史。高考时他一门心思要学航空，3个志愿填的全是与飞机有关的学校和专业。他成功考入了清华大学航空系，又随着全国高校院系调整，成为北京航空学院的学生。

从航空"转行"，投身航天

随着美、苏、英等国吸收纳粹德国在"二战"中火箭技术的成果，20世纪50年代中后期，导弹成为一种实用武器，与之同源的技术则为人类敲开了进军宇宙的大门。1957年10月4日，苏联发射了第一颗人造卫星，将人类带入航天时代。鉴于此，中华人民共和国领导人也决定发展人造卫星技术，追赶世界科技潮流。研发核武器与导弹技术也被纳入议事日程，以提升解放军的战斗力，保卫国家的独立和尊严。

戚发轫"航空强国"的理想也因时局而发生了一些改变。1957 年毕业后，他被分配到刚成立的国防部第五研究院，成为解放军的技术人才。这是中华人民共和国首个为研制导弹、火箭而成立的研究院，有航空基础知识的人才是他们急需的。神秘的色彩包裹了这一群被特选出来的研究者，但即使是对他们而言，导弹也是神秘的存在。由于外国技术封锁和中华人民共和国"一穷二白"的底子，整个研究院里除了院长钱学森外，没人知道导弹究竟为何物。

　　"为了揭开导弹神秘的面纱，钱学森院长亲自给我们主讲了《导弹概论》。我上大学时就对钱学森十分崇拜。当面聆听他讲课，领略他的风采和智慧，是最让我兴奋的体验。我这个'门外汉'走进了一个全新领域，第一次见识了导弹的神奇与威力。这让我暗下决心，要为祖国的国防科技事业贡献自己毕生的力量，乃至生命！"戚发轫说。

　　从此，他就成了中国航天事业的一块"砖"，亲历了中国导弹研发和航天领域的一系列重要历史瞬间。

　　1957 年年底到 1958 年年初，中国决定派技术人才到莫斯科的茹科夫斯基航空军事工程学院进修导弹技术，戚发轫也被选中参与此次留学。但在突击学习了两个月俄语后，苏联又拒绝中国军人前往进修。为了学习当时最前沿的导弹知识，上级命令戚发轫他们转业，再以平民留学生的身份前往莫斯科进修。因苏联在提供援助的同时，担心中国将导弹技术完全学到手，且戚发轫是在总体设计部工作，他的留学申请又恰好是导弹与火箭总体设计专业，他们不希望中国诞生导弹、火箭的总设计师，故而戚发轫的留学申请被苏联以"涉及本国机密"的理由拒绝了。

留学之路走不通，戚发轫却并不气馁，而是立刻开始向国内的苏联援华专家请教。但到了 1960 年，由于意识形态分歧和苏联对中国主权的觊觎，中苏关系走向破裂，苏联撤走了所有专家和技术资料，戚发轫的最后一条求学之路也彻底断绝。但 3 次求学不成的曲折和变故，反而坚定了他继续这一事业的决心。

20 世纪 50 年代末到 60 年代初，意气风发的戚发轫参与了中国第一枚仿制导弹"东风一号"的研制工作。之后，他又进入

· 飞船发射前，戚发轫（左一）为航天员准备座椅。

一个近似的领域，参与了"长征一号"运载火箭的总体设计，提出了简单可靠的火箭三级与二级分离方案，该方案在飞行试验中得到了验证。正当他打算在火箭研制的天地大干一番时，主管军事科技的聂荣臻元帅亲自批准把他和另外 17 位航天领域的专业人才，调往新成立的研制卫星的研究院，即后来的中国空间技术研究院。他们也被后人称为"航天 18 勇士"，成了中国走进航天时代的重要骨干。

1967 年，戚发轫的工作从火箭转向卫星研制，并成为中国自行研制的首颗人造卫星"东方红一号"的技术负责人之一。此后，他又主持了"东方红二号""风云二号""东方红三号"等 6 种卫星的研制工作。

"神舟"飞船的幕后"舵手"

1992 年，已 59 岁的戚发轫接受了一项新任命：中国"神舟"系列载人飞船的总设计师。他从担任总设计师开始，一刻也未停止对飞船研制工作的高标准、严要求。从"神舟一号"试验飞船到被称为"最后一次彩排"的"神舟四号"飞船，凡是能被预想出的、在航天飞行时可能会出现的问题，无论发生的可能性有多小，他都要求设计人员千方百计去发现和寻找。

按照中国载人航天计划"争八保九"的时间表，第一艘无人试验飞船（"神舟一号"）需要在 1999 年进入太空，如果能在 1998 年试飞则更好。当时间进入 1999 年，"神舟"首飞又被列

•"神舟五号"发射成功后戚发轫（左一）在航天城与杨利伟会面。

入当年党中央提名的与澳门回归、中华人民共和国成立50周年阅兵庆典并列的三件大事之一。面对紧迫的时间和当时薄弱的技术储备，戚发轫与飞船研发团队选择了既稳妥又冒险的方案，保留了确保飞船返回中国境内的分系统，去掉了与此无关的分系统。

但就在"神舟一号"试飞前夕，飞船上一个关键的定向陀螺被卡住了，要修复这个组件的唯一方法就是拆开飞船的"大底"，也就是返回舱的底盘。那里有上万根盘根错节的线路，任何微小的疏忽都可能让飞船彻底报废，延误整个试飞进度。经过复杂的讨论和磋商，当时的中国载人航天工程总指挥决定拆开飞船检修。

为了做好这个宇宙飞船的"开胸手术"，戚发轫从头至尾守候在工程现场，关注着每一个细节。飞船的"大底"被小心翼翼地拆开，"五脏六腑"都呈现在维修团队面前。经过检查发现，陀螺的电源部分出现了故障，连接航天员系统仪器的一根信号线的绝缘层也被压坏了。经过检修后，"大底"又被完整地安装回去，飞船再也没有发生大的故障。1999年11月20日，"神舟一号"顺利起飞。第二天凌晨，飞船顺利降落到内蒙古自治区中部，落点与理论值仅相距约12千米，首飞取得圆满成功。

在"神舟"系列飞船的研发过程中，像这种紧急技术攻关发生过不止一次。在"神舟二号"飞船发射后，有专家又发现一个不安全因素：如果发射后需进行大气层外救生，由于运载火箭燃料未用尽，而火箭与飞船的分离速度又不够，有可能造成空中"追尾"事故，万一爆炸，可能直接危及飞船与航天员的安全。为了避免这种事故发生，就要提高火箭与飞船的分离速度。戚发轫立即组织科技人员对飞行程序、

· 戚发轫与"长征二号"F运载火箭合影。

飞行软件等进行修改，竭力阻止火箭与飞船在空中"接吻"。

几年来，戚发轫和同事们为增强飞船的可靠性与安全性绞尽了脑汁，只要发现问题就解决问题，半点不敢懈怠。这种致力于排除所有问题的严谨态度，使航天员的平安出征有了更可靠的保障。令戚发轫深感欣慰的是，四艘飞船都顺利经受了太空的洗礼，而每一次发射都是一次新跨越。航天员"一步登天"的天梯，在一次又一次的跨越中搭建完成。

我们国家的飞船真棒！

在"神舟一号"首飞仅仅 4 年后，2003 年 10 月 15 日，"神舟五号"飞船搭载着中国第一位航天员杨利伟进入了太空，使中国成为世界上第三个拥有载人航天能力的国家。

时至今日，中国的载人航天技术越发成熟，并且拥有了自己的空间站。但让戚发轫印象最深的，还是"神舟五号"凯旋之后，杨利伟在机场对他说的那句话："我们国家的飞船真棒！"

欧阳自远：欲上青天揽月

撰文/尹传红（科普时报社社长）

欧阳自远（1935年10月9日—），著名天体化学与地球化学家，中国天体化学领域的开创者。中国月球探测工程首任首席科学家、中国科学院院士、发展中国家科学院院士、国际宇航科学院院士。长期从事陨石学、月球科学、地球与行星科学研究。参与并指导了中国月球探测的近期目标与长远规划的制定，具体设计了国内首次月球探测的科学目标与载荷配置及第二、第三期月球探测的方案与科学目标。提出了我国太阳系探测的科学问题与科学目标。曾获国家科技进步奖特等奖、国家自然科学奖、中国科学院自然科学奖等多个奖项，为我国科技发展与国防事业做出了重要贡献。

·欧阳自远

从地球化学家到天体化学家、中国天体化学领域的开创者，再到中国探月工程的首席科学家，欧阳自远实现了从"地"到"天"的一个神奇跨越。

 ## 有朋自远方来

那是在 1935 年的秋天。江西，吉安。

一户人家的孕妇出现难产症状，生产过程持续了整整两天两夜。

当苦难过去，孩儿"哇"的一声来到这个世界时，在隔壁房间里读书的小舅舅刚好念到《论语》中"有朋自远方来"这一句，不由得大发感慨："这个孩子生得这么艰难，是来自很远的地方吧？就叫他'自远'好了。"

生逢乱世，欧阳自远在他那有着"吉泰民安"之美好寓意的故乡，日子实则并不是太好过。他的祖父和外祖父都以开药房营生，父母在他 4 岁那年虽也有了自己的药房家业，但只是勉力支撑，因而他被送到了永新县城里的祖父祖母家。博学多识的叔叔成为他的启蒙老师，教他学会了识字和算术。

小小年纪，欧阳自远就以"书痴"形象示人。书店职员认得他这个小常客，周边老人则经常主动地把家中闲书送给他看。他读的书很杂，从传统名著、武侠小说到少年读物、科普图书，乃至像《科学》杂志这样的期刊，他都有所涉猎。

在学校里，他有幸遇到了一班好老师，于增长见识的同时还学会了学习与思考的方法。有一天，他请教地理老师袁家瑞，何以能做到随手就把世界各国的地图描绘出来？老师给出的答案是："当你不只是学习，而是热爱时，你便可以距离完美更近。"接着老师启发他说："当你怀着强盛国家的心去学习时，你的学习就会悄然转向热爱……"

1952 年，当欧阳自远高中毕业面临重要的人生抉择时，那位地理老师的话语又在耳畔回响。他没有遂家人所愿继承祖业，也没有定向于自己最感兴趣的天文学和学得最好的化学，而是听从国家最需要、最迫切的召唤——"唤醒沉睡的高山，向祖国献出宝藏"。他报考的第一志愿是北京地质学院矿产资源勘探系的金属和非金属矿产勘探专业。

这一年夏季的一天，欧阳自远将书本、学习用具、生活用品分别装进两个箱子，用一根扁担挑着，从永新县城出发去往吉安。近 180 里路，一步一个脚印。这一趟"赶考"，一走就是三天。

🪐 高扬理想之帆

欧阳自远赶上了北京地质学院的首次招生，他十分珍惜这个宝贵的机会。一方面，他勤奋学习、广泛涉猎，夯实专业知识基础；一方面，他又有意识地强身健体、磨砺筋骨，为将来跋山涉水去找矿做好体格上的准备。有一阵，他甚至还背着沙包在颐和园里来来回回地走，看着俨然是个远足的跋涉者。

勤勉与深思很快便有了收获。大一时，欧阳自远通过自己钻研，发明了一种可以大大简化测量计算过程的计算尺，在学校里引起了不小的轰动。大二时，他当选为全国三好学生，受到隆重表彰，并在暑假里被特别安排跟随五位苏联专家到南京考察。此行中的一个细节让欧阳自远颇感震撼：一位苏联专家只是稍稍查看过一处山坡前的地层剖面，马上就道出了此山的形成年代、山石的主要构成等。

大三和大四期间，欧阳自远全身心地投入勘探实践和科学研究之中，学会了操作钻探机，尝试过凿炮眼、填炸药。在跟随拉尔钦科教授指导的十几个研究生到山西进行野外勘探学习时，这位"二战"期间曾当过炮兵团团长的苏联专家给欧阳自远留下了非常深刻的印象。他对学生实行的是十分严苛的军事化管理，特别规定研究生在上山进行地质调查时，一天之内的行程不许带水壶——他认为带水壶不但会增加负重，而且会让人产生心理依赖，放慢行走和工作的速度。

经历过这样一番磨炼，欧阳自远的理想之帆越来越高扬。大学毕业后，他报考了中国科学院地质研究所涂光炽教授的矿床学研究生，从事长江中下游矽（xī）卡岩型铜、铁矿床成矿规律的研究。这位著名的地质学家的治学精髓对欧阳自远影响深远："设想要海阔天空，观察要全面细致；试验要准确可靠，分析要客观周到；理论要有根有据，推论要适可而止；结论要留有余地，文字要言简意赅。"

在涂光炽教授的悉心指导下，欧阳自远迈上了专业研究的新台阶。然而，还有更高远的一项事业、更广阔的一片天地将要展现在他面前。

在专业边缘的结合处

1957 年 10 月 4 日，世界上第一颗人造地球卫星发射升空，震撼世界。随后，苏联和美国这两个超级大国开展了月球探测的激烈竞争，并开始准备火星探测。打小就对日月星辰、宇宙奥秘怀有浓厚兴趣的欧阳自远陷入了沉思。他意识到，跳出地球，在更大的时空范畴里研究包括地球在内的太阳系各层次天体，时机已经来临。他还想到，太阳系的各个行星是地球的兄弟姐妹，它们的共性是太阳系家族的遗传基因；它们各自的特性，是后天环境所造就。只有比较它们的共性与特性，才能更深刻地理解地球和其他行星的起源和演化历程，这就必须要有坚实的地球科学基础。

这个年仅 22 岁的年轻人，随即满怀激情地找到地球科学领域的权威专家、时任中国科学院地质研究所所长的侯德封先生，坦言自己的想法：跟"天"联系起来并延展对于"地"的研究，更全面、系统地了解太阳系内各行星、卫星、小行星等的化学组成、演化过程等，为今后我国的空间探测提供科学积累，也为更深刻地认识地球拓宽视野。

侯先生听了欧阳自远的介绍，大加赞赏，予以鼓励。鉴于当时我国的科技和人才力量还比较薄弱，欧阳自远独辟蹊径，从 1958 年起，率先在我国开展了各类地外物质（陨石、宇宙尘、月球岩石等）、天体化学、月球科学和比较行星学研究，从而开辟了中国陨石学与天体化学研究的新领域，他也因此而成为中国陨石研究第一人。1960 年研究生毕业后,欧阳自远被侯先生调去地质研究所当所长学术秘书。之后不久,侯先生又派遣他去中国科技大学进修原子核物理系三、四年级的全部课程,再到中国科学院原子能研究所加速器室进修实验核物理。

欧阳自远渐渐地领会了恩师如此这般"安排"的深意。事实上,在专业边缘的结合处,地质学和核物理学这两个完全不同的专业,给他带来了两种完全不同的思维方式、工作方法和技术路线,并为他以后的研究做好了铺垫。1964 年至 1978 年,欧阳自远接受国防科委的委托,组织了"219"小组,负责我国地下核试验场选址、试验前后地质综合研究与地下水污染防治,圆满地完成了第一次、第二次地下核试验,并参与了触地核爆炸、高空核爆炸试验等项目,目睹了中国第一颗原子弹爆炸。

参加地下核试验工作,是欧阳自远生命中的一次重大经历。这在加深他对地球能量与地球演化之间关系认识的同时,也让他找到了一个新的研究方向:用核物理理论来解读地球演化。

 ## 寻梦天地间

1976 年 3 月 8 日下午,在我国东北地区发生了世界上规模最大的一次陨石坠落事件——吉林陨石雨。当时正在北京参加有关地下核试验会议的欧阳自远接受中国科学院委派,担任考察队队长,带队赶赴现场考察,探寻那些"天外来客"的行踪。1976 年 9 月 12 日,云、贵、川一带陨石雨再次降临,欧阳自远又在第一时间组织队伍进行现场考察。基于这两场陨石雨而展开的世界上规模最大、最深入而系统的综合性研究取得了丰硕的成果，提出了世界上最为完整细致的陨石形成演化模式。

两年之后，欧阳自远得到机会研究美国宇航员从月球上取回的岩石。这期间他认识到，随着科学技术的进步，月球在战略、政治、经济和科学上的意义将远在南极之上。1992年，欧阳自远向国家"863计划"专家组提出我国应实施探月工程的建议，1994年，他又向专家组提交了《中国开展月球探测的必要性与

· 欧阳自远（中）在向青年讲述月球。

————————

① 863计划：1986年3月，王大珩、王淦昌等科学家向国家提出跟踪世界先进水平、发展高技术的建议，邓小平等领导人很快做出批示。同年11月，中共中央、国务院决定实施发展高技术的计划，该计划被称为"863计划"。

可行性研究》报告并获得通过。2004 年年初，国务院正式批准我国探月一期工程立项，欧阳自远被任命为中国探月工程首席科学家，负责科学目标的制定。

2007 年 10 月 24 日，承载着中华民族千年奔月梦想的"嫦娥一号"月球探测卫星，在西昌卫星发射中心发射升空。同年 11 月 26 日，国家航天局正式公布"嫦娥一号"卫星传回的第一幅月面图像，这标志着中国首次月球探测工程取得了圆满成功。2010 年 10 月 1 日，探月二期的先导星"嫦娥二号"再踏奔月之路；2013 年 12 月 2 日，"嫦娥三号"又启程……

"仰望星空，脚踏实地"，欧阳自远实现了在有生之年参与中国探月计划的愿望，也深感欣慰。如今，年逾八旬的他仍然奋战在科研第一线，并且为科学普及工作倾注了不少心血。对于日月星辰，他依旧深深迷恋。

珍贵的天外来物

撰文/欧阳自远（中国科学院院士，中国月球探测工程首任首席科学家）

1978 年 5 月 28 日，时任美国总统吉米·卡特委派国家安全事务助理兹比格涅夫·卡齐米日·布热津斯基到访中国，为祝贺 1979 年 1 月 1 日中、美将正式建立外交关系，赠予中国一份特殊的礼物——1 克重的月球岩石样品。这是中国科学界第一次接触月球岩石样品。

2020 年 12 月 17 日，中国探月工程三期发射的月球探测器——"嫦娥五号"，完成了在月球上的自动采样与返回，将 1731 克月壤带回了中国。这是中国第一次完成月球无人采样，也是人类时隔 44 年再度携带月球样品回到地球，中国成为世界上第三个从月球采样返回的国家。

深空探测是人类共同的事业，其路也远，其行也难；其始也简，其成也巨！

1978 年美国赠送的那 1 克月岩，只有一颗小黄豆大小，美国也没有给我们任何说明与科学数据。中国科学家小心地切下半块开展系统研究，将另外 0.5 克赠送给北京天文馆，建议向公众进行科普展出。中国科学家指出，这是美国"阿波罗十七号"载人登月带回来的高钛月海玄武岩。中国科学家对岩石的矿物成分、元素成分、结构构造、形成年龄、形成环境与演化历史进行研究，取得了系统的研究成果，还指出它是位于月面的受光面还是背光面，以及接受阳光的照射角度等，就此发表了 14 篇科学论文。

而中国自主采集带回的 1731 克月壤，来自人类从未触及的、月球最年轻的火山喷发玄武岩区域，全国各相关研究单位通过申请，得到少量样品并开展研究，汇聚成国际上最全面、最系统的研究大团队，目前已经在国内和国际最有影响力的科学杂志上发表了 46 篇科学论文，新研究成果还将陆续发表。

通过玄武岩的同位素测年，证实月球内能产生的火山活动大约在 20 亿年前才停息，而不是过去公认的大约 30 亿年前，将月球的地质活动寿命延长了近 10 亿年；研究发现，月壤中含有极其微量的由太阳风粒子注入形成的"矿物结构水分子"；科研人员还对月壤中的氦、氖、氩等稀有气体的同位素组成进行了精确测定。

从 1 到 1731，从受赠到自采，从零起点到国际一流，中国探月研究一步一个脚印，一次又一次交出亮眼的成绩单！

天行健，君子以自强不息；苍穹无限，中国将探索不止！

第四章
大国航天，展现非凡力量

  1956 年，国防部第五研究院正式成立，中国航天扬帆起航；

  1970 年，"东方红一号"升空，中国有了自己的人造卫星；

  2003 年，"神舟五号"载人飞船成功发射，中华民族千年飞天梦圆；

  2007 年，"嫦娥一号"成功发射，嫦娥奔月由神话变为现实；

  ⋯⋯⋯⋯⋯

  六十余载太空寻梦，中国航天从无到有，从大向强，浩瀚太空闪耀着问鼎苍穹的追梦足迹，回响着复兴圆梦的时代强音。接下来，我们将打开中国航天的灿烂篇章，看看我们在星辰大海的征途上创造了哪些奇迹。

揭秘探日"先锋官"——"羲和号"

撰文 / 焦维新（北京大学地球与空间科学学院）

"羲和号"作为中国首颗太阳探测卫星，于 2021 年 10 月 14 日成功发射升空，并顺利进入平均高度约 517 千米的太阳同步轨道，这标志着中国正式进入空间探日时代。我们为什么要对太阳进行探测？作为中国空间探日计划的"先锋官"，"羲和号"有哪些看家本领？让我们一起到下面的文章中寻找答案吧。

太阳也会发脾气？

太阳是宇宙中与人类关系最密切的一颗恒星，在地球演化和人类文明发展过程中发挥着不可替代的作用。太阳给地球带来光和热，是维持地球上一切生命的源泉，地球大气的循环、昼夜的交替、四季的轮转、地球冷暖的变化，都是太阳作用的结果。

太阳并不总是温柔的，有时会"发脾气"——发生爆发性活动，即在短时间内爆发式地释放出巨大的能量。太阳的爆发性活动不会像地震、暴雨那样给人类带来直接的、巨大的灾难，这个我们大可放心。但由于人类进入太空时代已经半个多世纪，对各种卫星以及导航、定位、通信等高科技系统的依赖性越来越强，而太阳的"发怒"会严重影响卫星及导航、定位、通信等高科技系统。于是，观测和预报太阳的爆发性活动就非常重要了。

离太阳越来越近的探日卫星

自古以来，人们就关注太阳，广义的太阳观测可以追溯到上古时代，中国早在汉成帝河平元年（公元前 28 年）就有了肉眼观测太阳黑子的记录。对太阳进行系统观测则始于 1610 年，即伽利略发明天文望远镜后的第二年，人类开始用望远镜观测和记录太阳黑子，这开启了太阳科学观测的时代。经过 400 多年的发展，尤其是 20 世纪 50 年代末进入太空时代之后，通过地基太阳望远镜和天基太阳探测器的联合观测，人类对太阳有了全新认识。

截至 2023 年底，世界各国尚在观测太阳的卫星有 19 颗，计划探测太阳的卫星有 13 颗。随着科学技术的发展，太阳观测卫星的水平越来越高，而且观测太阳的距离越来越近。例如，"帕克"太阳探测器到太阳表面的最近距离大约只有太阳半径的 8.86 倍，比水星到太阳的距离还要近许多。

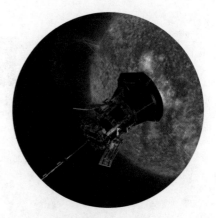

· 艺术家绘制的"帕克"太阳探测器接近太阳的概念图

✎ "羲和号"的"金钥匙"

2021 年 10 月 14 日，中国第一颗太阳探测科学技术试验卫星"羲和号"顺利升空，打破了中国无太阳探测专用卫星的历史，拉开了中国太阳空间探测的序幕。

"羲和号"的全名是"太阳 Hα 光谱探测与双超平台科学技术试验卫星"。Hα 波段的光谱成像仪是"羲和号"观测太阳的

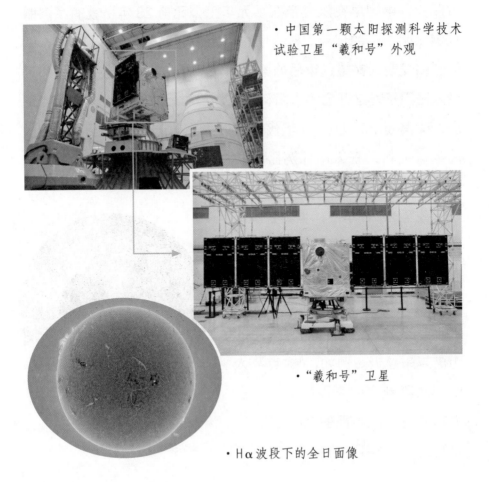

· 中国第一颗太阳探测科学技术试验卫星"羲和号"外观

· "羲和号"卫星

· Hα 波段下的全日面像

"金钥匙"，它专门观测太阳的光球层和色球层，在国际上首次实现了全日面 Hα 波段的光谱成像。简单来说，通过一次扫描（时间小于 60 秒），我们可以获得日面上近 1600 万个点的光谱信息，这是前所未有的。太阳 Hα 谱线是研究太阳活动在光球层和色球层响应的最好谱线之一，对该谱线进行数据分析，可获得太阳爆发时的大气温度、速度等物理量的变化，研究其动力学过程和物理机制。

　　在国际太阳探测的热潮中，中国相关科研工作也不断向更高水平迈进。2022 年 10 月 9 日，先进天基太阳天文台卫星"夸父一号"在酒泉卫星发射中心成功发射升空，与"羲和号"同时在轨，携手探日，是中国探索太空迈出的又一大步。

"天问一号"的探火之旅

撰文 / 薛炳森　韩大洋（国家空间天气监测预警中心）

　　喜欢科学知识的朋友们都知道，在宇宙中飞行需要一把与众不同的尺子，而这把尺子上最小的刻度被称为 1 个天文单位，它是以地球到太阳的平均距离的近似值 1.5 亿千米来定义的，地球就是在以 1 个天文单位为半径的近圆轨道上绕太阳公转的，转一圈所需的时间约为 365.25 天，小数点后面多出来的 1/4 天，就是 2 月 29 日的来历。火星绕太阳运动的轨道也是近圆的，平均半径约为 2.28 亿千米，对应的公转周期比地球长一些，约为 686.79 天。因此，二者交会周期（地球和火星两次距离最近的间隔时间）约为 780 天，对应我们通常说的火星探测窗口的周期是 26 个月，所以在全球范围内，每隔 26 个月就会出现一波火星探索热潮，而"天问一号"就是在 2020 年 7 月这波火星探索热潮中开始它的火星之旅的。

 前所未有的出征仪式

　　"天问一号"的座驾是"长征五号"遥四火箭。2020 年 1 月 19 日，火箭的氢氧发动机完成了总装出厂前的最后一项验证——

100 秒校准试车，这标志着这台发动机性能达到了预定要求，能够担负托举起"天问一号"的任务。

探索火星的"天问一号"与到访月球的"嫦娥"不同，探月轨道是一个微缩的天问之路，依靠火箭的推力，将"嫦娥"探测器推送进入一个呈大椭圆形的卫星轨道，轨道远地点与地球的距离就是月球轨道的半径，当探测器以预定速度到达这个位置后，就会被月球引力所捕获。不难看出，到月球的路途可比去火星的近多了，轨道的设计不是很复杂，途中需要探测器做的机动动作也较少。

但是"天问一号"的任务难度可就大多了。首先速度要够快，因此科学家们专门给它配备了"长征五号"运载火箭，使它的速度超过第二宇宙速度（11.2 千米 / 秒），以这个速度运动的物体足以逃脱地球的引力，升格成为"人造行星"，也就是它不再围着地球转了，而是和地球一样成为太阳的"跟班"。这时的"天问一号"遵从开普勒定律的"引导"，沿着环太阳的椭圆轨道运行。但如果你以为它这样一直飞行就能到达火星，可就未免太低估探火之旅的难度了。让我们来打个比方吧，法国巴黎距离日本东京大约 9800 千米，从巴黎埃菲尔铁塔上挥杆击球，要让这个球不偏不倚地直接掉落到东京铁塔上的球洞里，这一任务的难度大概和此次探火任务的难度相当。除此之外，"天问一号"还要带够燃料，以便应付到达火星附近时的操作，所以，它的重量将超过"嫦娥"探测器数倍。也正是因为这个原因，再加上目前中国最强运载火箭"长征五号"的推力也显得不太富裕，所以整个探火过程必须精打细算。每一次机动动作在哪里做，在什么角度位置时点火，这些都需要精准把握。尽管计划得如此周全，飞船从地面发射之后，大气层的扰动、火箭的晃动等，都会给它的出发精度带来更多不可控性，飞船奔赴火星的旅程依旧充满了风险。

为了能够达到近乎苛刻的出发精度参数要求（包括角度、速度），火箭和飞船要首先进入距离海平面 200 千米左右的赤道圆轨道，在这里，火箭需要通过不断地微调，等待最佳的二次点火出发角度，这就需要一个绕地球旋转 2 ～ 3 周的调整窗口。与此同时，火箭也在调整着它的状态。因为"长征五号"采用的是液氢液氧发动机，而液氢需要足够的低温才更有利于发动机工作，大气层外轨道上的低温为此提供了条件。在火箭绕地球旋转的每个圈次中，达到点火要求的出发角度对应的时间只有 2 ～ 3 秒，转瞬即逝。这个时候就需要地面控制指令的精准下达与果断执行，火箭激发一步到位。说起来容易做起来难，要知道，2009 年准备发射去火星的"萤火"探测器就是因为火箭在轨道上达不到发射条件而错过了任务窗口，最终造成整个任务失败。

 ## 漫长的奔火征途

二次点火完成，出征阶段结束，"天问一号"挥别地球，踏上茫茫的奔火征程。因为在进驻火星轨道时需要的燃料数量还不好确定，在出发奔赴火星时需要优化轨道参数，使得奔火过程消耗的燃料最小化。经过精打细算、反复优化，科学家优选出了一条最省燃料的轨道——霍曼轨道。霍曼轨道是一个以太阳为焦点的椭圆形轨道，"天问一号"出发时对应的位置是近日点，最终会在远日点与火星相会。不难看出，火箭二次出发时的速度、角度都是大有讲究的。

根据计算，走霍曼轨道的"天问一号"大约需要 10 个月的行程才能到达火星，在这段时间里，"天问一号"只能偶尔向指挥中心报告一下方位。地面专家也会根据轨道模拟计算结果，对飞船的方向进行微调。不过注意，这里有个问题，在茫茫太阳系中，没有 GPS 和导航，"天问一号"是怎么知道方位和方向的呢？答案就是依靠古老、有效且准确的恒星定位法，我们在地球上也经常用到。在视野中选取相关的 4 颗恒星，通过测量恒星的方位角，"天问一号"就可以判断自己所处的位置以及前行方向，从而完成导航。不过，即使是在近乎真空的环境里前进，"天问一号"的方向也可能跑偏，这种偏差通常是来自太阳光的光压，尽管压力很小，但是光始终照在飞船的一个侧面，且持续的时间长，积少成多，会让"天问一号"的运行方向在不经意间发生改变，如不及时纠正，就会像射击瞄准中的小误差一样，看似失之毫厘，实则谬以千里。

考验"天问一号"的下一道关卡就是如何进入火星的"势力"范围。当"天问一号"与火星几乎同时到达远日点时，它的速度还是第二宇宙速度（11.2 千米 / 秒），如果它以这一速度继续飞行，最终将与火星擦肩而过。所以，这时的"天问一号"需要"刹车"减速，以便被火星的重力场捕获，成为环绕火星运动的卫星。

接下来"天问一号"还有一项挑战。别国的火星探测器都是运行在火星赤道上方的圆轨道上（高度和轨道相对稳定），而"天问一号"则选择了有一定倾角的椭圆轨道（近火点和远火点相差很大的椭圆），这样做的好处是能够让"天问一号"相对全面地探测火星的电离层和磁层。

轨道的问题基本解决了，"天问一号"还要面对另一项挑战，那就是通信。与探测距离地球较近的月球不同，火星距离地球约1.2 亿千米，当"天问一号"即将登陆火星时，信号传输回地球大约需要 6 分钟，来自地球的指令也需要同样的时间才能被"天问一号"接收，这样的时间差在机会稍纵即逝的行星转卫星操作中肯定会误事，因此在这个阶段，"天问一号"会根据探测数据以及设定的规则自己完成处置。"天问一号"首次采用人工智能替代人工指令，这也是本次探火任务受到全球瞩目的主要原因。

着陆火星不容易

"天问一号"还肩负着巡视火星的使命。在进入火星轨道之后，着陆器和巡视器将在合适的时机与轨道器分离，冲入危机四伏的火星大气中。这一过程，中国的"神舟""嫦娥"航天器已经提前"演练"过多次，都完美地安全着陆。不过，"天问一号"的落地之路与过往的飞行器着陆区别很大。首先，火星有稀薄的大气，这与月球的近真空环境和地球的浓密大气环境都不相同，需要全新的着陆过程设计。更重要的是，"天问一号"的着陆过程受限于测控信号的迟滞（信号一来一回要 10 多分钟），科学家无法对着陆过程进行监视和控制，着陆动作完全靠人工智能来独立完成。也就是说，"天问一号"需要根据探测到的火星数据，在

· 正在着陆的火星探测器

· 火星上会不时刮起沙尘暴。

预先设置的程序指导下，自主选择着陆的路线和方式，这对于地球上的控制人员来说，相当于盲降，堪称整个探火任务中最惊心动魄的时刻。

"天问一号"的目标是通过一次发射任务，实现火星环绕和着陆巡视，开展火星全球性和综合性探测，并对火星表面重点地区进行精细巡视勘查。

"天问一号"有话说

撰文／韩大洋　薛炳森（国家空间天气监测预警中心）

想知道"天问一号"在火星上会有哪些奇遇吗？接下来，让我们一起看看它在火星上的所见所闻吧！

知识卡片

作为中国首个登上火星的巡视器，请先允许我激动一下，还有，以往那些来自地球的"前辈"们，我也来报到啦！

刚才着陆器的那一套减速、悬停、避障、软着陆的机动动作非常漂亮，现在他就停在我的身后，将继续协助我一起完成接下来的火星巡视探测任务。

反冲发动机工作时激起了不少火星灰尘，现在的我被笼罩在一片红红的火星"沙尘暴"中。不过完全没关系，我可是专门针对火星的环境而设计制造的，这点影响对我来说问题不大。

我随身携带了6台仪器设备。第一个是探地雷达，这是"玉兔号"大哥"借"我专门探测火星"路况"的，能够直达土壤深处一探究

127

竟；第二个是可以通过激光引导的光谱仪，他能够对火星岩土完成精细的测量；第三个是探测火星磁环境的磁场探测器；第四个仪器是测量大气数据的气象测量仪；除此之外，还有用来给火星拍照的多光谱相机以及帮助我巡视火星并防止迷路的导航仪。他们现在已经陆续开始工作了，一系列探测数据正源源不断地传输回来。除了地面的探测，我们还会进行空中观察。在我登陆火星之前的近两个月时间里，环绕器就已经沿着大椭圆轨道围绕火星一圈圈地探测了，他携带了中、高分辨率相机，次表层探测雷达，火星矿物光谱探测器，火星磁强计，火星粒子与中性粒子分析仪，火星能量粒子分析仪，这7台设备能够对火星开展全球性、普查性的探测。下一步，就要看我巡视器的本领了。

· 巡视器随身携带6台探测设备。

火星的大气环境和地球有很大不同。首先大气层非常稀薄，干燥无比，空气成分以二氧化碳、氩气和氮气为主，无法供人类呼吸。温度虽然不太舒适，但相比其他行星还算得上"宜人"。这里夜晚温度大约为-120℃，随着太阳的照射气温升高，预计正午时分将上升到宜人的20℃左右，晒暖和了，我也要继续出发。咦？前面好像有些异常情况。

一条条红色的龙卷风舞动着身体向我靠近，在远处还有一些雾霾样的东西。这也难怪，因为火星的自转轴倾角较大且轨道偏心率高，所以在火星到达近日点附近的这一段时间，受太阳辐射较平时更强，火星上的大气运动，尤其是沙尘暴会频繁出现，带来遮天蔽日的漫天红沙。这样的"滚滚红尘"会给我的能源供给以及行动造成很大的不便。我的任务周期大概是90个火星日，换算成地球日，大概是92天多一点。在这期间，我和地球上的"师傅"们都会时刻提防这里的"滚滚红尘"。

火星磁强计的数据也接收到了，这里的磁场非常弱，强度大概还不到地球的1/100！火星内部的构造和岩浆活动已基本停息，不仅如此，整个火星并不像地球一样具有一个完整的磁场，而是分为一块一块单独分布的磁场区域。别看磁场不起眼，它却是行星最重要的"保护罩"，缺少了它的保护，火星大气就直接暴露在太阳辐射的影响之下了，这也是为什么我们说火星的大气层是被太阳"吹走"的。

到达预定位置，雷达和光谱仪也开始了探测，我这样做可不是随便拍拍照，而是在做科学探测！经过这么一番摸索，我就能快速准确地获得大量有关火星矿物、液态水的情况，以及火星土壤结构与成分的关键数据，传回给地球的"师傅"们好好分析研究。

探月"征途"，逐梦星辰

撰文 / 崔鑫　钱航（中国运载火箭技术研究院总体设计部）

2004 年 1 月 23 日，中国探月工程正式立项，中国人开启了奔向月球的征程。从"嫦娥一号"踏梦而行，到"嫦娥五号"揽月而归，在中国科学家与工程师们的共同托举下，"嫦娥"们一次次成功飞天，"嫦娥"家族不断壮大。

2020 年末，"嫦娥五号"任务的成功实施，成为我国航天事业发展中里程碑式的跨越，标志着我国具备了地月往返能力，为我国未来月球与行星探测奠定了坚实基础。那么，"嫦娥五号"是怎样达到月球，又是怎样完成探测任务的？之后的探月工程又有着怎样的目标呢？

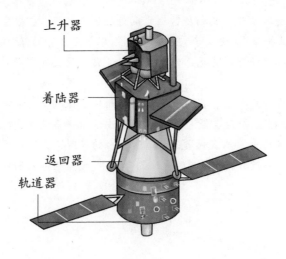

上升器

着陆器

返回器

轨道器

• "嫦娥五号"结构图

回顾"嫦五"探月历程

"嫦娥五号"的整体结构就像一串糖葫芦，从上往下依次是上升器、着陆器、返回器和轨道器，重达 8.2 吨，整体高度约 7.2 米，相当于两层楼高。

2020 年 11 月 28 日，"嫦娥五号"在完成两次轨道修正后，正式进入环月轨道飞行，此后进行了一系列堪比体操世界冠军表演的高难度飞行动作。

"嫦娥五号"探月路的整体过程可分为：先由中国新一代大型运载火箭"长征五号"——"胖五"进行发射；然后轨道器和

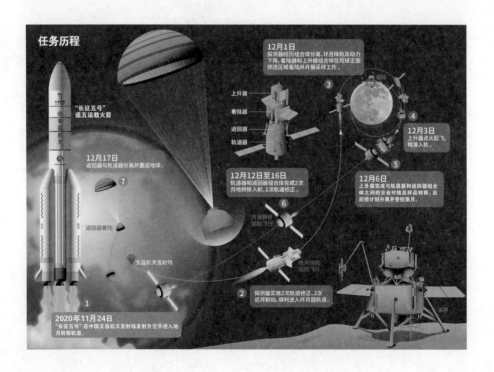

返回器组合体绕月飞行，分离出的着陆器和上升器组合体在月面降落；着陆器用其搭载的采样装置在月面采样后，装入上升器所携带的容器里；随后上升器从月面起飞，与轨道器、返回器组成的组合体进行交会对接，把采集的样品转移到返回器后与组合体分离；轨道器、返回器组合体飞向地球，在距离地面约 5000 千米时分离，最后返回器回到地球。

此次任务实现了中国开展航天活动以来的 4 个"首次"：首次在月球表面自动采样，首次从月面起飞，首次在大约 38 万千米外的月球轨道上进行无人交会对接，首次带着月壤以接近第二宇宙速度的速度返回地球。

🪐 打个"水漂"飞回家

在"嫦娥五号"之前发射的"嫦娥"系列探测器"购买"的都是"单程票"，它们或是在完成任务后完全脱离月球的引力飞向更加遥远的星际空间，或是永远留在了月球上，而"嫦娥五号"的返回器却最终安全地返回了地球。

以往中国卫星再入返回，都是在第一宇宙速度（7.9 千米 / 秒）之下进行的。如果以第二宇宙速度（11.2 千米 / 秒）直接进入大气层，返回器会因与大气摩擦程度加大，表面温度升高而产生巨大风险。因此必须要对返回器进行减速。

为解决这个难题，科技人员设计了半弹道跳跃式返回办法，相当于让返回器在太空"打水漂"。这个过程中，返回器先进入大气层一定"深度"，并进行一定距离的滑行，之后调整姿态，再次升高。随着返回器的升高，其速度会在地球引力的作用下进一步降低，当速度降到第一宇宙速度以下时，返回器再次开始下落。整个"打水漂"过程都是在地面的精确操控下完成的，"嫦娥五号"返回器最终沿着预先规划好的路线，成功到达降落地点。

探月"下一步"

月球探测是中国由航天大国向航天强国迈进的标志性、带动性工程。在未来，"嫦娥六号"将进行月背采样返回，"嫦娥七号"将勘查月球南极，"嫦娥八号"发射后将与"嫦娥七号"组成月球科研站的基本型……"嫦娥"家族新成员将以何种新"姿态"冲出大气层，远征月球呢？让我们一起拭目以待吧！

延伸阅读

月壤采集有方法

在月面着陆后，"嫦娥五号"的着陆器就开始了为期 2 天的月面工作，但实际采集样品的时间只有 19 个小时。整个采集过程中，最关键的操作是对月壤进行自动采样和封装。能带回多少样品，能否保持样品无污染、高质量，全在此一举。

月面采样面临诸多困难，不仅要考虑当时的测控、光照、电源、热控等各种因素，而且着陆后的着陆器是不能移动的，钻取采样装置正下方的地面是松软的土壤还是坚硬的岩石，在着陆前完全是未知数。

航天设计师们设计了两种"挖土"模式：钻取和表取。钻取是用钻头钻进月表约 2 米深处，采集深层样品；表取是在降落点附近的月球表面多点采样，采集月表样品。

科学"天宫"筑九霄之上

撰文/张智慧（中国科学院空间应用工程与技术中心）

2022年12月，中国"天宫"空间站完成在轨建造，正式进入应用与发展阶段，转入常态化运营模式。至此，中国载人航天工程三步走战略圆满完成。

"天宫"空间站作为中国大型空间应用基础设施，将为中国科学家与科研人员开展空间科学研究与技术试验提供广阔的舞台。那么，中国空间站因何而来？如何建设？作为国家太空实验室，"天宫"空间站未来能做些什么呢？让我们一探究竟。

 解构"天宫"

"天宫"空间站主体由1个核心舱、2个实验舱组成，构型呈T字形，总重量达60吨，还配有为空间站进行乘员运输的"神舟"载人飞船和为空间站进行货物补给的"天舟"货运飞船。此外，空间站还设计有1个与其共轨飞行的光学舱。

核心舱被命名为"天和"，全长约16.6米，最大直径达4.2

米，发射质量[①] 20 ～ 22 吨。核心舱又分为 3 部分：节点舱、生活控制舱和资源舱。其主要功能包括为航天员提供居住环境、支持航天员的长期在轨驻留、支持飞船及其他航天器对接停靠并开展部分的空间应用实验等。同时，核心舱也是空间站的管理和控制中心。节点舱有 2 个对接口、2 个停泊口和 1 个出舱口，停泊口用于对接 2 个实验舱；对接口用于对接"神舟"载人飞船及其他访问空间站的航天器；出舱口供航天员出舱活动。资源舱后端也有 1 个对接口，用于对接"天舟"货运飞船。

　　此外，核心舱外面还部署了 1 套机械臂，用于抓取舱体、运送货物以及支持航天员在舱外的活动等。

----

① 发射质量：指航天器发射时的总质量。

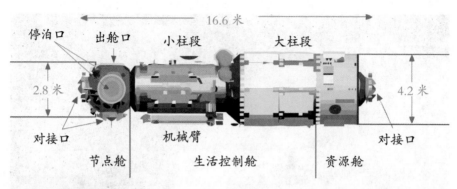

· "天和"核心舱结构图

· "巡天"光学舱示意图

实验舱Ⅰ名为"问天",实验舱Ⅱ名为"梦天",都主要用于开展空间科学与应用研究。实验舱Ⅰ同时也承担了核心舱部分功能的备份任务,具有支持航天员出舱及组合体控制等功能,在需要的时候可以接替核心舱对空间站进行管理和控制。

光学舱被命名为"巡天",也就是我们常说的"巡天号"光学天文望远镜。它与"天宫"空间站的主体共轨飞行,必要时可以靠近空间站,与空间站对接,进行燃料补加或进行维修。

搭建太空城堡

那么，如何将这样一组"大家伙"部署到太空中去呢？科研人员的回答是：一步一步来，就像在太空搭积木一样。

2021年春季，首先发射了核心舱，随后发射了"天舟二号"货运飞船与核心舱对接，再发射"神舟十二号"载人飞船，将首批3名空间站航天员送入太空，在轨生活3个月，对核心舱进行全面检验。之后，发射"天舟三号"货运飞船和"神舟十三号"载人飞船，完成在轨建造技术验证后，2022年下半年，陆续发

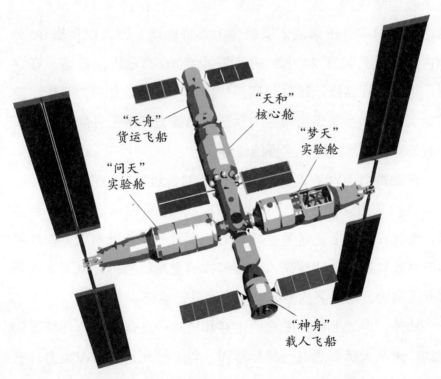

• "天宫"空间站主体结构示意图

射了"问天"实验舱和"梦天"实验舱，形成空间站 T 字形基本构型。未来，还要发射"巡天"光学舱。

现在，中国航天员已在太空进入常态轮值阶段。也就是说，我们的航天员也要像国际空间站的航天员那样，每天 24 小时、每年 365 天，不间断地在太空生活、工作了。

宝贵的空间资源：微重力环境

从地球出发，越过位于海拔约 100 千米处的"卡门线"，就到了我们常说的"太空"。中国空间站运行在倾角 41°～42°、轨道高度约 400 千米的近圆轨道上，绕地球一圈大约只需 90 分钟，所以航天员在 24 小时内可以看到 16 次日出、日落。在这里，由于空间站绕地球飞行所产生的离心力与地球引力平衡，空间站上的物体会呈现出微重力状态。微重力环境是开展空间科学研究与实验非常独特而宝贵的资源。

在微重力条件下，材料的加工及制备过程与地面完全不同。比如在微重力环境下，合金的制备、晶体的生长、球体的制造等，都比在地面上更容易。微重力还会对一些基础物理实验的条件产生重要影响，让科研人员能够按照更高的指标，以更高的精度开展实验，对重要的基础物理理论进行验证。

此外，地球上各种生物的生存和进化一直是在重力环境下实现的，未来人类要想进行星际移民，也必须先行研究微重力环境对生物体的影响。

特殊的"观景台"

空间站轨道覆盖了地球南北纬42°以内的范围，约占地球人口居住区域的90%。与一般地球遥感卫星采用的太阳同步轨道相比，空间站可以在可变光照条件下对同一地区进行观测。而且空间站轨道高度较低，与对地观测仪器相比，空间分辨率更高，所以对地观测成像的效果更好。这对于我们观察地球周围的大气环境变化以及海洋、森林等生态环境变化更加有利。

由于空间站位于地球大气层之上，脱离大气层的遮挡和电磁场的干扰，能够接收到来自宇宙中的各种高能射线，既能开展辐射生物学研究，也是开展高能天文观测和粒子天体物理研究的绝好平台。

另外，"巡天号"光学舱也是一个独立的天文观测平台，是中国下一代旗舰级空间天文望远镜，被称为"中国的哈勃望远镜"，但它的视场要比哈勃望远镜大上350倍左右。它将在两个实验舱发射后进入太空，其发射有望帮助科研人员在暗物质、暗能量、星系形成与演化、系外行星探测等天文领域和基础物理领域的重大问题上取得突破。

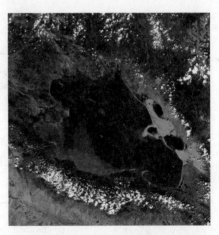

• "天官二号"上的宽波段成像仪拍摄的青海湖，呈现出纯净的深青色，像一颗宁静深邃的"高原之眸"。

去太空做实验

在载人航天工程发展初期有这样一句话：造船为建站，建站为应用。发展载人航天、建设空间站的最终目的就是开展大规模的空间应用，也就是载人航天工程第三步的目标——建设中国人的国家级太空实验室。

在空间站的核心舱和两个实验舱的密封舱内，配备了很多科学实验柜。这些实验柜采用了通用标准化设计，可以开展各种类型的实验。

下图是生命生态实验柜，其上方是用于开展各类实验的模块，下方是通用的电控、温控等模块。实验柜用来研究植物或动

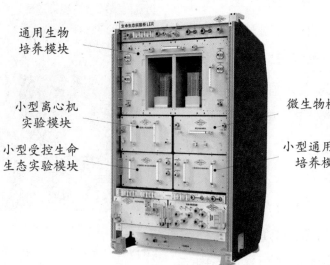

通用生物
培养模块

小型离心机
实验模块

小型受控生命
生态实验模块

微生物检测模块

小型通用生物
培养模块

· 生命生态实验柜

物在微重力环境下的反应与变化，以及空间辐射对它们的影响，从而揭示出微重力环境对生物个体生长、发育与衰老的影响。

例如，利用通用生物培养模块可以种植水稻、生菜等植物；在小型通用生物培养模块里可以养果蝇、线虫、蚕等微小型动物；在小型受控生命生态实验模块中可以建一个水生生态系统来养鱼。如果把这些模块替换成专门为哺乳动物设计的模块，就可以用来养小老鼠等啮齿类动物。

"天宫"空间站舱内可部署 20 多个这样的科学实验柜，除了空间生命科学与生物技术，还用于开展航天医学、微重力流体物理与燃烧科学、空间材料科学、微重力基础物理、航天新技术等领域研究。另外，空间站舱外还配备了暴露实验平台，配置了多个标准载荷接口和挂点，用于开展天文观测、地球观测、空间材料科学、空间生物学等多种类型的暴露实验或应用技术试验。

总之，空间站的独特环境，加上天地往返运输支持和航天员参与等条件，为中国在太空系统地开展各类科学实验与技术试验打下了非常有利的基础。"天宫"空间站作为国家太空实验室，未来可在空间生命科学与人体研究、微重力物理科学、空间天文与地球科学、空间新技术与应用等 4 大领域展开上千项科学实验，是支持多领域科学研究的独一无二的综合平台，同时也是开展国际合作和科普教育的重要平台。中国空间站的全面建成，为推动中国各领域的科学研究，为人类探索更多宇宙奥秘做出积极贡献。

空间站生活初体验

核心舱是航天员在太空中的"家"，为航天员们提供了必需的居住环境，不过，它和我们在地球上的家可大不一样。你知道空间站里的生活与在地球上的有哪些不同吗？

微重力环境中的睡眠

知识卡片

微重力环境是空间站中最显著的特点。没有了地球引力的束缚，为防止航天员在睡着后飘到别处，他们必须在固定在舱内的睡袋里睡觉。由于空间站空间狭窄，在睡觉时，他们还要将手臂放在睡袋里，要不然伸出的手臂在睡梦中碰到空间站里的设备开关，可就要出"大事故"了。

太空里的美味佳肴

知识卡片

除了睡眠，吃也是生活中的一件大事。在微重力环境下，航天员进食时产生的食物碎屑很容易飞到嘴外，它们无论是被吸入气管，还是飞进设备仪器，都非常危险。因此，航天员在进食时要格外小心谨慎。因为航天员在太空环境中食欲会大打折扣，为了让他们吃得好、吃得饱，中国的研制人员为他们准备了100多种太空食品。要是航天员在太空中生活一个月，每一餐都能享受到不同的美味佳肴。

护航"神舟"回家的高科技

撰文 / 刘淑芬　周宓　陈袁　王天明（中国航天科技集团五院 529 厂）

从 1999 年"神舟一号"飞船成功发射，到 2003 年"神舟五号"完成首次载人飞行，再到 2023 年 10 月"神舟十七号"载人飞船与空间站组合体完成自主快速交会对接，20 多年来，中国已进行了 12 次载人飞行任务。可以说，航天员们能够平安归来，离不开高科技的守护。

神舟返回舱内摄像机

• 2023 年 6 月 4 日，"神舟"返回舱内，在中国空间站"出差"186 天的航天员费俊龙、邓清明、张陆踏上回家路。

自从第一次载人飞行任务取得圆满成功，"神舟"这个名字就响彻了神州大地。作为护航航天员天地往返的"生命之舟"，20余年间，"神舟"飞船站好每一班岗，圆满完成了每一次任务。

是什么让"神舟"飞船如此"靠谱"？它有哪些"奇怪"的构成，又是怎样长成的呢？

"神舟"飞船由返回舱、轨道舱、推进舱共同组成。其中，备受关注的就是航天员在发射段和返回段乘坐的返回舱。返回舱上有哪些高科技呢？一起来看看吧。

🚀 返回舱的"奇怪"外形与"身体"构成

"神舟"飞船返回舱的外形像一口中国古代的大钟，呈大钝头倒锥体。和人一样，返回舱也有"五官""内脏""骨骼""皮

出舱口

伞舱。在发射阶段，伞舱内会装着折叠好的降落伞，当"神舟"返回舱快要回归地面时，降落伞就会从这里打开。

· "神舟十三号"载人飞船返回舱

肤"，甚至也穿"外衣"。

所谓"五官"，其实是指返回舱外表面的几个洞，其中最大的两个洞，是降落伞的伞舱。

返回舱的"皮肤"和"骨骼"是紧密相连的，被称为"蒙皮＋筋"结构。蒙皮即返回舱的"皮肤"，起到密封舱体的作用；筋即返回舱的"骨骼"，起到支撑加强的作用。

返回舱外面"穿"有一层特殊的"外衣"——热控涂层，可以使它在太空超过 200℃的巨大温差下，维持舱内温度适宜。

返回舱内部各式各样的仪器载荷，是它的"内脏"。单从结构上来讲，最有特点的当属航天员的 3 把座椅。

在了解了返回舱的"奇怪"外形与"身体"构成之后，你是不是也很好奇它们是怎么被造出来的呢？那就让我们一起去看看吧！

返回舱"成长"过程大揭秘

"神舟"返回舱的"靠谱"除了靠谱的设计，还有靠谱的制造工艺。返回舱的"成长"主要需要经历"铣（xǐ）""吹""卷""缝""热""穿" 6 个阶段。

"铣"外形

铣是数控加工的一种形式，也称为"铣削"。在铣的过程中，研制人员通过控制加工工具的旋转和移动，为返回舱"雕刻"出

· 铣是使用多刃旋转刀具切削工件的工艺方法。

标准"体形"，例如出舱舱门、舱门门框等部位，都是用这个方式打造的。

返回舱具有壁薄、精度高等特点，加工时如同在气球上雕刻。因此，研制人员对加工工具的旋转速度和加工路径进行了精密设计。同时，为了保障航天员的安全，研制人员还通过选择最佳的切削参数和过程控制，满足返回舱密封部位对平面度、粗糙度严苛的加工要求，为后续高质量装配奠定基础。

"吹"座椅

"神舟"返回舱内的航天员座椅有着特殊的外形轮廓，航天员坐在其中就像胎儿在母体中一样，在强过载①冲击下，能够最大程度地减轻伤害。但你可能想不到，这套座椅的头靠、椅盆、椅背是被"吹"出来的——这是一种比较先进的热成形工艺，学名为"超塑成形"。

超塑成形是利用金属在特定条件（一定的成形温度、一定的变形速度、一定的材料组织）下所具有的超塑性，来进行塑性加

---

① 过载：返回舱进入稠密大气层后，速度越来越慢，剧烈减速的过程会让航天员的身体承受数倍于自身体重的压力，这个现象叫作"过载"。

工的方法。在特定的温度和气压条件下，这种工艺方法可以实现返回舱大尺寸、复杂构型零件的整体精密成形。

"卷"蒙皮

返回舱的"皮肤"是一层金属蒙皮，其中舱门所在的返回舱"头部"球形蒙皮和返回舱"底部"的大底蒙皮是"吹"出来的，而返回舱锥形"腰身"是"卷"出来的，即通过滚弯成形[①]实现。

要"卷"得精确，就需要用到滚弯机这一利器。在它的帮助下，金属板材从平面"卷"成了弧面，组合成为三维锥筒。

研制人员会提前裁剪出金属板材，并确保平面状态金属板材的尺寸及轮廓精准，为"卷"打好基础。

"缝"舱体

返回舱由多个部分组成，需要通过焊接（包括手工焊接和自动焊接两种）来保证它的"天衣无缝"，即保障舱体的密封性。而负责焊接的操作者被称为"铁裁缝"。

"铁裁缝"通过十余套工装、七十余道工序、上百个零

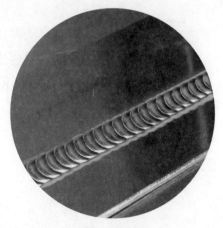

·鱼鳞状焊接纹路示意图

---

① 滚弯成形：指一种金属加工方法，利用机器设备将金属板或管材沿着轴向滚动，使其弯曲成所需的形状。

件，才能把返回舱完美地打造出来。

在焊接时，"铁裁缝"需要时刻观察"缝合"质量，因此往往一趴就是大半天，衣服总被汗水浸透。返回舱上鱼鳞状的焊接纹路，就是"铁裁缝"的成果！

"热"处理

在小说《西游记》中，孙悟空在太上老君的炼丹炉里炼就了火眼金睛。现实中，返回舱也需要先后经历490℃～500℃、160℃～190℃的历练，让它的"骨骼"更健壮。

另外，返回舱在任务执行中有产生裂纹、变形的风险，因此，研制人员会用"热敷"的方式来保障返回舱在飞行时的良好状态。

"穿外衣"

利用宇宙空间以热辐射为主要热量传导方式的特点，研制人员为返回舱设计了一款神奇的控温外衣——低吸收—低发射型热控涂层。该涂层不仅可以让返回舱在极端高、低温环境下保持正常"体温"，还可以帮助它抵抗宇宙空间中的高能带电粒子、原子氧轰击等环境因素导致的老化和剥蚀。

如今，中国空间站已全面进入应用与发展阶段。2023年10月，"神舟十七号"载人飞船发射取得圆满成功。研制人员用心铸就的返回舱将悉心守护乘组人员，保障他们在新任务、新征程中的工作和生活安全。